U0870419

中国乡村建设系列丛书

把农村建设得更像农村

洞庭渔村

王求安　著

江苏凤凰科学技术出版社

序

西湖乡村实景——鱼米之乡（王求安

习近平总书记说，新农村建设一定要走符合农村实际的路子，遵循乡村自身发展规律，充分体现乡村特点，注重乡土味道，保留乡村风貌，留得住青山绿水，记得住乡愁。我生在农村，长在农村，后来机缘巧合离开农村，但我的根在农村，魂系农村，乡村一直是我魂牵梦绕的地方。

进入 21 世纪以来，党和政府的惠农政策一个接一个，中央一号文件连续十几载聚焦“三农”问题，这些年来，农村发生了深刻的变化。农民的生活水平提高了，住房条件改善了，基础设施变好了……尽管如此，我们不能讳言，走进农村，垃圾遍野、污水横流、沟渠堵塞、堰塘干涸的现象十分普遍。打工赚钱回来的乡亲虽然建起了新房，但没有新村的味道。中国要美，农村必须先美；建设美丽中国，必须建设美丽乡村。如何建设美丽乡村，这是我们亟须解决的问题。

乙未仲夏，市委领导安排我来西湖工作，给了我一个建设美丽乡村的绝佳机会。常德西湖位于洞庭西畔，沅澧两水尾闾，南宋一片泽国，晚清方挽堤障，民国时期沦为荒洲，中华人民共和国成立以来首设劳改农场，继改军垦农场，后建国有西湖农场，2000 年改场建区。西湖管理区土地平坦，雨水充沛，物产丰富，交通便利，民风淳朴，是一个美丽的滨湖小镇。

如何在常德西湖建设美丽乡村？这是一个令我昼思夜想的课题。有一次，我到西洲乡调研，乡党委提出乡渔场的老百姓建房心切，请求区委给予支持。我调查了解到，乡渔场原是国有西湖农场的渔场，随着农场体制改革的深化，渔场原先的职能逐渐弱化，成为一个普通的村落，叫“洞庭渔村”。老百姓的房子基本都是迁移建场时的旧房，十分破败，重新建设的愿望十分强烈。于是，在我的脑海里冒出一个念头，能否在洞庭渔村采用一种全新的农村建房模式：统一规划设计，统一建设管理，植入传统文化，植入地域特色。

于是，我们到来到河南省信阳市郝堂村、湖北省广水市桃源村、安徽省合肥市三瓜公社。一个偶然的机会，我有幸结识农道安哲（北京）建筑设计有限公司（以下简称“农道安哲”）的王求安先生，他介绍了美丽乡村的建设理念，提出了一些设想，规划了一些思路，我们一拍即合，达成共识：在西湖渔村打造洞庭渔村，探索乡村建房新模式。

说干就干，“农道安哲”的设计人员迅速进驻西湖，开始对洞庭渔村进行全面的规划设计。区里成立了专门的工作机构，安排专门人员做群众工作。

洞庭渔村项目从规划设计开始，一直坎坷前行，干部不理解，群众不支持，思想统一是一个大难题，规划设计方案的出台也历经反复。无数个夜晚，区委大楼顶层会议室灯火通明。征地拆迁是一个硬骨头，干部思想好做，群众工作难搞，利益牵绊是老百姓的心头肉……但不管有多少困难，我们抱定一个信念——只要对老百姓有利，我们就坚决做下去。

在项目推进过程中，泼冷水的不少，方方面面的质疑声不断。有人说这是在搞面子工程、形象工程；有人说，这是有人想从中捞一笔；也有人说这是劳民伤财、小题大做。众口铄金，拓荒前行的压力巨大……我们顶住压力，坚守一个原则——只要对洞庭渔村的长远发展有利，对乡村振兴有利，我们坚决做下去。

我们不懈努力。在项目推进过程中，我们有幸聚集了一批有担当、有远见、有定力、有事业心、有执行力的同志、朋友。其中有不厌其烦、追求卓越的“农道安哲”，有百折不挠、一心为公的乡镇、村组党员干部；有胸怀坦荡、全面务实的区委决策领导，有通情达理、公道正派的群众监督员；有精益求精、匠心独运的工人师傅；有无怨无悔、默默奉献在各条战线上的广大工作人员。为了一个共同的目标，我们坚决做下去。

我们收获了很多喜悦。在项目推进过程中，涌现了一大批好同志、好朋友，大家为了一个共同的目标团结在一起，为每一个新的创意而由衷赞叹，为取得的每一个进步而舒心畅怀。看着一片荒草地变成繁忙的工地，看着一块块砖头逐渐变成一栋栋形态各异的美宅，看着老百姓不断竖起“点赞”的大拇指，每一位参与者满怀喜悦。此刻，我们更笃定一个理想——只要服务于“区域中心、农业公园”的战略目标，我们坚决做下去。

我们有一个梦想：把常德西湖建设成国家级农业公园，让生产、生活、生态协调发展，人民群众幸福安康，把快乐写在脸上，让幸福触手可及。

以常德西湖为基地，探索乡建新模式。让现代与民俗同在，让乡村与城镇一体，让文化与产业结合，让人与自然和谐共生。

我们相互勉励，共同努力，争取梦想成真。

洞庭渔村项目只是一个起点，它的成功实践告诉我们，乡村原来也可以如此美丽。我们以此为原点，将美的种子撒遍西湖这片富饶的土地。

西湖大有可为，美丽乡村建设大有可为。我真诚期盼更多的朋友到西湖做客,看一看洞庭渔村的袅袅炊烟,走一走稻香荷影的地头田间,听一听种子破土、花蕾绽放的声音……

湖南常德西湖管理区党委书记　龚霞波

丁酉年十一月于西湖

前 言

洞庭渔村模型

在我学生时代学习中国建筑史的时候，读过几本古村旅行攻略的书，几个假期按图索骥，实地拜访了国内的一些古村后，便有了一些思考：就村落形态而言，为什么好的村子都是一百年以前的呢？这些村庄也往往会成为热门的旅游景点。但这种古村的数量相对较少且地处偏远，大部分还是近四五十年新建的村庄。为什么我们要舍近求远，为何不就近体验乡村生活呢？问题到底出在哪里？

现在的乡村，树木植被虽曾遭到大量砍伐，但近些年也已恢复绿意，常年在国内城乡间奔波的我，时常感慨山河大美，却哀叹乡村衰败。仔细琢磨不难发现，只是我们现在建的房子出了问题，我们的村落形态出了问题，也就是现在所说的规划设计出了问题。古村没有现在意义上的建筑规划师的参与，是由乡绅与能工巧匠来共同完成作品，并且自古就有一套乡村营造的法则，他们怀着敬畏之心去考量，知道哪里能建房子，哪里该挖鱼塘，哪里该建学堂和祠堂。这个阶层的缺失导致乡村目前村落形态无序的现状，这应该就是问题的根源。

我曾亲眼看到这种变化的过程。我老家的村子，村庄环境多山，村民就近取土，所有房子都为夯土结构，户型类似，是由堂屋串起来的几大间。受家庭成员与经济情况的影响，会有三大间、五大间与七大间的区别。所有房子依山就势，不占耕地。因要考虑通风，所以朝向各异，但基本控制在一个模式之下，房子和村庄的形态显得和谐而丰富。后来南下广州、深圳先富起来的一小拨人，带回了那里的乡村建房样式，盖起了二层平顶小楼，外贴各种颜色的瓷砖，至此，这种“方盒子”就慢慢在村里蔓延开来。老房子则变成一种贫穷落后的象征，被赋予一种自卑的情绪。但有趣的是，冬天烤火、夏天避暑，大家还是更喜欢

西湖管理区数千亩的莲藕产业基地

聚在老房子里，因为空斗砌法的砖混房子保温隔热效果都大不如从前的夯土房子。村里有个老工匠，木工、夯土都非常在行，年轻时，十里八乡盖房都会找他，现在一身手艺无用武之地。我问老师傅：“夯土老房子好还是这种新的砖混的房子好？”“当然是老房子好，绝对的冬暖夏凉”，老师傅两眼放光地回答。“那您自家为什么也要建这种新房子呢？”我继续问。“因为大家都这么建啊”，工匠目光黯淡地抚摸着他的老行当说。

可见，对于房子的舒适度，村民其实都有自己正确的判断力。究其原因就是从众心理作祟，盲目跟风。村民认为跟别人一样才是避免风险的最好办法，于是就压制了原本的判断力，这便是这种瓷砖房子蔓延的缘故，以至于我们在北方和南方看到的房屋式样都差不多，造成“千村一面”的现象。当然，我们认为美好的、风格统一的古村，也是由跟风形成的，只不过是由一些告老还乡的官员与乡绅，他们将一辈子的学识与积蓄带回家乡，盖起宅子，起到了一个良性的示范和引领作用。如今乡村出来的成功人士，都有一个回不去的故乡，乡村没有了树立正确方向的阶层。作为建筑师，就有责任用自己的专业技术来做一个好的引导。内心深处渐渐萌发一个想法，我想做一个村子，做一个乡村建设的示范和引导，让乡村重归曾经美好和宜居的状态。

机缘巧合，2015 年夏天，在浏阳市的一个项目工地上，偶遇常德西湖管理区原区委几位领导，几位对我所做的项目非常感兴趣，并邀请我前往西湖管理区指导乡村项目。我以为只是客气话，没把邀请当回事，按原计划进行了一次远赴欧洲的旅行。旅行中多次接到区委领导特别热忱的邀请，徐主任每天都会发来图片与想法，介绍当地的情况，并多次询问我回国的日期，十分真诚。

盛情难却，回国后不久，我便前往常德西湖。当天下午，区委领导陪同我看了很多的西湖项目，画面记忆犹新。几位干部甚至包括司机跟我聊的都是同一个话题，渴望在西湖管理区实现：“区域中心，农业公园”的梦想。我感受到这里有一个“齐心协力”，且有执行力的领导班子。这里的人与环境，让我觉得在这个地方，可以实现我做一个令人向往的村庄的愿望。

我们谈到的一个最重要且即将实施的项目便是：“洞庭渔村渔民安置房项目”。在这里，随着人口的增长，原有的村庄已经无法满足村民的居住需求，于是政府利用新修省道的机会开辟一片全新的宅基地，想解决老村多年面临的居住难题。当地设计院已完成了这个项目的设计：一片沿道路两侧整齐划一的“欧陆风”独栋小别墅。区委领导让我对原方案给些建议，我认为这就是典型的图库方案，村庄都是沿道路而发展，国道、省道、高速路两旁逐渐形成了新的村落形式，而这种村庄往往存在很多环境及安全隐患，若仍然按“房屋—道路—房屋”这种模式进行新村规划，那么必然会在“新”村出现“旧”问题。

面对朴实热情的领导班子和这片令我充满热情的土地，我觉得新建安置村是我对乡村建设愿景的一次很好的实践机会，希望能在设计和实施过程中，解决我对乡村自建房、村落的形态等问题的思考与疑惑。于是我欣然接受了这个委托，并且计划重做方案。

常德西湖管理区的居民多为湖南益阳柘溪水库修建时迁至此地的移民，是典型的梅山文化居民，崇文尚武，性格直爽彪悍。移民到西湖不过四十年的时间，两地交流频繁，故土难离。做方案之前为了解梅山文化，我们特意前往新化、安化等梅山地区考察，在那里待了数周，对当地的老村和老街进行了调研，了

当地设计院计划落地方案

“农道安哲”初步规划方案

解村民们的故土情节，希望新村规划设计能加入这些元素，缓解村民们的乡愁。

带着这些调研结果，我一回到北京，便“宅”在办公室开始画图、做模型。期间，孙君老师来办公室好几次，看了前期草图与规划模型，觉得村落形态不错，鼓励我好好做，并说，年轻设计师一定要有自己的项目根据地。

一个月后，进行了正式的项目汇报，汇报完后的讨论非常激烈。总体而言，大家对方案很认可，顾虑主要在于落地实施的难度，因为这完全是村民自建房，很难让村民们按照我们的规划来。孙君老师说：乡村建设一定要依靠村干部，发挥村民的积极性，以村民为主体进行建设。当与时任洞庭渔村的支书、现任西洲乡副乡长孟宪辉的几次交谈后，我发现此人行事果断有魄力，而且处理村民纠纷条理清晰，是我理想的村干部搭档。我向区委领导表达了意愿：在项目落地期间，希望干部不调换工作岗位，区委同意了我的提议。渔村所在西洲乡党委书记周浩朴实沉稳，我们年龄相仿，能理解对方的梦想和追求，他非常支持我们的工作。这些基层干部是我们项目能最终落地的重要的支柱。

接下来最重要的环节，我们要向洞庭渔村真正的业主：全体村民，介绍我们的设计方案。我们召开村民代表大会。一开始村民看到我们做的洞庭渔村设计方案动画与模型，觉得很新奇好玩，但马上又开始有疑虑，这不是他们心里所设想的房子：为什么不沿省道两侧建房子？为什么把最好的宅基地做成了鱼塘？外墙不贴瓷砖直接刷墙漆显得没有档次，没有石膏刷金漆罗马柱，青瓦白墙看着亲切但是不习惯。有的村民要盖五层，有的想盖一层，有的想马上建设，有的想再等两年……

其实，这种情况已在我们的预料之中。在常德西湖区委龚霞波书记和刘爱军主任的大力支持下，政府和我们一起制定了一系列计划，对村民进行了长达一年时间的沟通工作：政府租大巴，我们带领几十位村民代表转了大半个中国，考察了几乎全国的美丽乡村成功项目。组织村民在多个地方进行了专门的培训学习，村民眼界大开，意识到村子做好了不光能解决住的问题，还能带来一系列经济效益。村民对马上就能见效的成果最感兴趣，于是村民、政府、设计方的观念开始初步统一，那就是要建一个和当地不一样的村庄。

村民基本接受了我们的规划方案后，接下来就是房屋建造。我们调研国内的一些安置房后，不难发现，很多整齐划一的新村应该就是各种妥协的结果，尤其是农民集中自建房更为突出。因为大家对建造式样、颜色和时间的要求不一，所以新村会一直是一个建设中的工地状态，居住者的生活品质会大打折扣。

乡村是熟人社会，统一村民思想的工作最好由村民自己去协调。于是，我们由村民选举产生了七位理事会成员，设立了村民建房理事会。理事会与村民一起商讨确定了建房步骤：统一规划，统一购买建材，统一施工，施工完成后统一抽签分房。这样可以避免诸多弊端：一是统一施工，避免了因施工前后时间不一，导致一直处于无法完工的“工地状态”；二是统一购买材料，避免了材料的杂乱和差价，利用村民的集体力量买到性价比最高的材料，这也是我们能最终控制住造价的一个重要原因；三是施工后再分房，避免了村民对建造过程的过度关注与干预，影响施工进度。我们认为成功的关键，就是我们与村民间建立了信任。当村民把自己这一辈子的积蓄交到别人手里，还不知道自己房子在哪里时，便是靠信任来支撑着。整个过程中最令人满意的是，将建筑造价控制在村民接受的范围内。我们原来建筑主体的预算，计划控制在每平方米800元以下（含屋面、门窗、外墙），恰逢2017年与2018年材料价格飞涨，最终价格控制在每平方米900元左右。价格因素特别重要，有最好的规划设计，若老百姓盖不起房屋，也没有任何意义。打造村民负担得起的“新”村，并在这里安居乐业，这样才具有推广意义。

从规划到现在，转眼已经四年过去：村民都分到了满意的房子，并开始装修，规划将来的生活，村里第一家餐厅也开始营业；政府想把西湖建设成生产、生活、生态协调发展的愿景，正在逐步实现；我们想打造的美丽的乡村形态，探索的乡建新模式：人与自然和谐共生、文化与产业相结合，也都基本实现。

洞庭渔村是我第一个整村规划落地项目，也是我的乡建梦想的开始。感谢北京市延庆区绿十字生态文化传播中心（以下简称“绿十字”）的孙君老师，孙晓阳主任给予我们加入“农道”大家庭的机会。2018年末，我将这个项目的设计、开展和实施过程梳理出来，汇编成册。在这过程中我得到了更为清晰的乡村整体规划设计思路，也对此产生了新的思考，此番既是投石问路，又是抛砖引玉，望与大家一起携手共筑中国乡村的美好未来。

王求安
“农道安哲”创始人、主持建筑师

目 录

1　洞庭渔村的今与昔

过去的洞庭渔村

1.1 初识乡村

项目名称：湖南常德西湖管理区洞庭渔村

项目地点：湖南常德西湖管理区西洲乡

规划面积：54 382.2 平方米

建筑面积：26 056.8 平方米

设计时间：2015 至 2017 年

建设时间：2017 至 2018 年

洞庭渔村是洞庭湖西滨的一个小渔村，隶属于湖南省常德市西湖管理区。全村总人口 890 余人，村民主要从事水产养殖，菜藕、湘莲种植。主要种养面积 500 公顷，其中水面大约 400 公顷。

村内群众于 1972 年由湖南益阳安化柘溪水库区迁移至常德西湖管理区，

改造前村落现状

深受梅山文化影响，崇文尚武。落户西湖后，村民依靠村内丰富的水面资源，大力发展水产养殖业，水产品销往省内和全国各地，人均年收入达到 2 万元。渔业收入占村民总收入 80% 以上，是村民的主要经济来源。

洞庭渔村原是区属渔场，后逐步演变为一个相对独立的村级单位。在渔场的演变过程中，在土地（水面）资源分配、村级财务管理、村民宅基地划分、国家惠农政策落实等方面积累了不少矛盾，导致村支两委与村民之间、村民与村民之间出现了比较严重的信任危机，村级事务管理松散，村庄卫生状况比较差，村内建设和经济发展滞后，村民收入渠道单一、增长缓慢，社会矛盾越积越多，长此以往，很可能诱发群体性冲突事件。

同时，随着社会经济发展，人民生活水平提高，村民迫切希望改善居住环境，提高生活品质。

改造前，该村有一条国道分隔新、旧村区域，几处面积不大的水塘是村民从事渔业的主要场所。旧村区域多为老式自建房，新村为无建筑物的空地。

整体村庄的建设用地占地约 51 200 平方米，由一条贯穿东西的国道分隔开来。南侧为新建村庄用地，目前无过多建筑物，在项目实施过程中进行新村规划；北侧则为既有的老村区域，部分建筑需拆除，老村部分以保留与改造为设计主线。老村中的房屋多为村民自建房，缺少统一的设计，造型风格各异，新旧程度差异较大。整体村庄环境不尽如人意，现有的池塘水面较小，周边堆积较多的垃圾，缺乏统一的管理。

针对村庄的实际情况，设计团队针对新村部分及老村部分提出不同的改造方案。新村部分采取新建策略，力求打造一个回归自然、唤醒梅山文化记忆的村落；老村部分则采用保护与改造策略，关注生活及产业两个方面，对村庄进行整体性的提升与优化。

2015 年，西湖管理区区委区管委经过研究和商议，决定启动洞庭渔村建设项目，分为新村建设和老区改造两部分。老区改造 150 余户，新村建设 70 户。分两期推进，一期进行新村建设，二期进行老区改造。

在 2016 年区委经济工作会议上，西湖管理区新一届区委领导班子认真研判国际国内形势和西湖的实际情况，做出紧紧围绕“新人新风新西湖，建设区域中心、农业公园”的战略部署，明确提出把美丽乡村建设和全域乡村旅游作为推进西湖全面发展的突破口，制定了一系列政策、措施。

当地现有民居式样

村落基地环境

为了从根本上解决洞庭渔村存在的各种突出问题，探索洞庭渔村美丽乡村建设和发展全域乡村旅游的新路线，在全区树立一个可学、可推、可复制的乡建样板，西湖管理区区委区管委研究决定，把洞庭渔村项目作为建设全域美丽乡村、开发国家农业公园的龙头项目，以重建村内信任体系、改善村居环境为突破口，以建设具有湖乡风格的特色民居为切入点，举全区之力，推进洞庭渔村项目建设，力争把洞庭渔村打造成全省乃至全国的美丽乡村示范村。

由此，洞庭渔村的设计和建设正式开始。

1.2　梅山文化

20 世纪 60 年代初期，湖南拦截资江筑大坝，修建起来的一座大型水力发电站——柘溪水库。柘溪水库是湖南最早的一颗“红宝石”，它不但为三湘四水带来了光明，也在堤坝上游构成了一处百里高峡出平湖，形成了湘中大地上一处胜似漓江山水的“百里画廊”。

1961—1995 年库区移民先后外迁 4.4 万人，分别迁往邵阳地区城步、绥宁、隆回、新宁县和洞庭湖西湖农场、湘阴县等地，分散插队安置。洞庭渔村所在的洞庭湖西湖农场的居民，正是从库区迁徙而来，而库区所在的新化、安化，正是梅山文化的发源地。

1.2.1　起源

梅山并非指的是某座具体的山脉，准确地说是一个区域概念，它指的是现在的安化、新化一带的山区。梅山文化是上古时期遗留下来的一种古老而神秘的区域文化，是湘中地区自远古以来遗存下来的中华文化中的一脉保存较为完整的地域文化，并与中原文化、荆楚文化共同构成了中华民族的三大祖源文化，是长江流域绵延不断的古老文明的活化石，是该地区人们遗留与沉淀的文化宝库，并将一直被人们世世代代保护与传承的一种民俗文化。梅山文化主要分布在以安化和新化为核心区的湖南中部资水两岸、雪峰山脉之中，与我国的其他地域文化一道，构筑了辉煌灿烂的华夏文明。

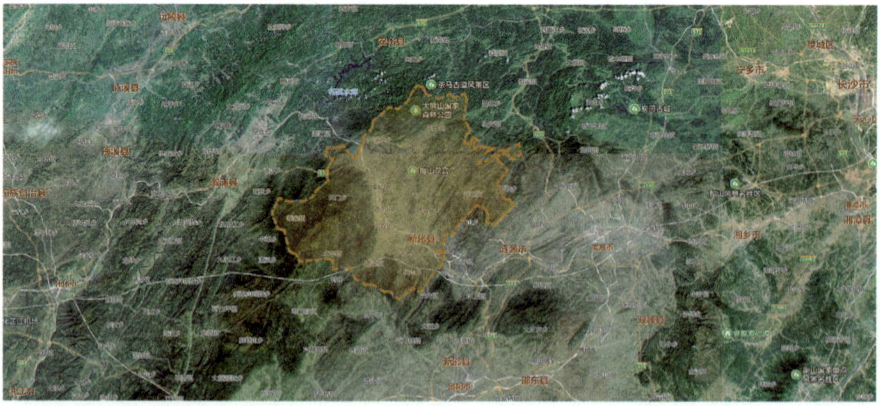

梅山文化生活区域范围

梅山地处湘中，资水中上游，群山起伏，岭谷相间，山水交织。地形地貌类型多样，境内以高山和丘陵为主，中部与西部为山区，东南两角为丘陵区。山势奇特，形态多样，“八山一水一分田”是梅山地域地貌的基本特征。建筑与周边环境设计是有形的而不是抽象的，因此地形地貌等自然环境因素是全面具体地实现建筑与环境设计的一个基础条件。建筑设计应是从场地中自然“生长”出来的，勿喧宾夺主，勿破坏山形，最大限度地利用基地原有的地形、地貌条件，尽量少动土方，因地制宜，合理进行布局规划。这样可以减少资金投入，降低维护成本，同时也降低对景区自然环境和原有场地地形、地貌的侵入与破坏，创建有机、和谐的生态环境。适应于基地现状的建筑才能获得人们的认同并传达出独特的地域精神。

1.2.2 梅山文化的建筑

梅山地区地势以山地为主，丛林茂密，地形复杂。传统民居建筑的形制和功能受到当地气候条件影响，根据生产、生活的实际需要处理平面布局和空间，进行生产、生活分区。在古代，梅山地区山多林密，夏季气候湿热，雨量充沛，山林中又多有毒蛇猛兽出没，所以梅山地区常见的民居有院落式、单栋式和吊脚楼式。这些建筑层层叠叠散布于山间、沟壑之中，有小路穿插于房前屋后，相互连接。建筑依山傍水而筑，形成丰富多彩的景观效果。

梅山文化区域与自然相处的村落

具体到建筑的结构，梅山地区的建筑以非典型干栏式民居最为常见。从侧面观察，其穿斗式的结构非常清晰，其中屋舍一层是封闭的室内空间，这是受到中原文化影响的产物。房屋下面的架空部分，既有利于防水防潮防湿，还可圈养牲畜、抵御虫蛇的侵袭和散热通风。楼上通风采光条件较好，作为生活空间的厨房、卧室等多布置于楼上。

作为地域性建筑，梅山地区非典型干栏式建筑具有其独特的风格。这一特定地区的气候特点、地形特征、地域材料及风俗文化等，都对其形成有非常重要的影响。它作为多民族建筑文化融合的典型，有很高的研究和利用价值，但研究并不只是为了保护和传承，更希望能在乡村旅游大发展的环境下，为梅山民居这一传统民居类型的发展提供建设性意见。

梅山地区民居

梅山地区祠堂

梅山地区民居与街道 1

梅山地区民居与街道 2

2 乡村营造

建设前老村与鱼塘

2.1 总体定位

2.1.1 村民意愿

洞庭渔村建设采用民居资金自筹、政府投入基础设施配套的方式。其中村民最关注的是建房的价格，要求总价低，性价比高；对于建筑的外形，村民最初计划是建造贴满瓷砖的欧陆风两层小楼；费用方面，最初部分村民想自己盖，费用自主把控；对于户型，有的户型设计为三层，设计师设计屋顶部分为斜顶，鉴于建筑材料的利用率，村民对此方案提出不同意见。对于使用功能村民要求小进深、大面宽，实现良好的采光与通风。

整体规划设计时，设计师考虑到整体规划形象和建筑之间的关系，与村民积极沟通， 最终达成一致意见。

原方案中，一层层高为 3.3 米，二层为 3 米。村民希望增加层高。调整后，一层层高 为 3.5 米，二层为 3.15 米。

为保证施工进度，成立村民理事会，安置房建造统一购买材料，为了控制建成效果，住房的分配采用统一分房的模式，减少建造过程中干预。

2.1.2 政府意愿

洞庭渔村项目按照村民主导、政府支持、统筹推进、群众受益、示范带动的基本思路予以推进，分两期进行，总投资 5000 多万元。一期集中建房 70 户，总投资 3000 多万元，其中政府基础设施配套投入 800 多万元，群众自筹 2000 多万元。二期高标准整体改造民居 100 多户，辅以环境整治、村民教育、文化建设、产业提升等系统性乡建项目。

在项目推进过程中，采用统一设计、统一建设、统一管理的模式，聘请“绿十字”中的“农道安哲”设计团队，践行“把农村建设得更像农村”的设计理念。规划设计充分体现梅山文化和渔村特色，考虑村落布局与自然生态，兼具集镇与田野之美；建筑为新中式风格，水、电、路、气、景观等基础设施由政府统一招标，村民住房由村民理事会代表村民聘请专业施工队统一建设。后期管理由村委会组建乡村民宿发展公司统一负责。

为确保洞庭渔村项目的顺利推进，西湖管理区成立区、乡、村三级推进和协调机构，区委管委主要领导亲自谋划、亲自过问、亲自督办，项目推进小组靠前指挥、定期调度，各个部门紧密合作、共同发力，乡镇党政主要负责人紧抓不放、深度介入，村委会和村民理事会全力以赴、忘我工作，全区上下形成了良好的氛围和强大的凝聚力。洞庭渔村村民通过专题座谈、村民会议、微信平台、现场监督，全程参与项目的设计、询价、建设等环节。建房期间，召开10次村民座谈会，重大事项由村民集体表决，建房资金由村民理事会统一管理和使用，村民的决策权、知情权、管理权得到很好的保障。

村民代表及乡、村干部在安徽三瓜公社考察后参加半汤商学院的学习

洞庭渔村建成后，西湖管理区将按照农民主体、政府引导、社会参与、市场化运作的模式，大力发展特色民宿，开发农特产品，组织和引导洞庭渔村村民开辟渔业外的第二产业，拓宽增收渠道，增强美丽乡村建设的可持续性，逐步把洞庭渔村打造成乡村旅游目的地、美丽乡村示范点和特色民居样板区。政府的意愿是洞庭渔村建设的驱动力，为整个项目提供了方向。

2.1.3　设计师意愿

在我们介入洞庭渔村项目之前，当地设计院曾经提出一套设计方案，方案布局整齐划一，楼房千篇一律，整体设计与当地的自然环境和文化、民俗不协调。

作为项目的设计方，在如何呈现一个完整村落、如何营造让村民真正接纳并乐于亲近的乡村环境、如何引导村民采取更加适宜的生活方式等方面，应当进行深层次的考量。使之能呈现出“当地”“当下”的特质，能展现出当地村落的美，符合当下人民的生活需求，并将建设的造价控制在村民可以接受的范围内。

（1）呈现村落应有的自然、错落布局。

（2）村庄毗邻公路，噪声大，灰尘多。因此，应设置一些景观，尽可能减少噪声和灰尘对村民生活的负面影响。

（3）在村庄里打造活动中心，为集体活动或红白喜事提供场地。

（4）在建筑形式上，延续当地传统的建设风格，突出洞庭渔村风貌，打造一个清秀的南方村落，这里有村民熟悉的乡村环境、习惯的生活方式以及亲切的友邻氛围。

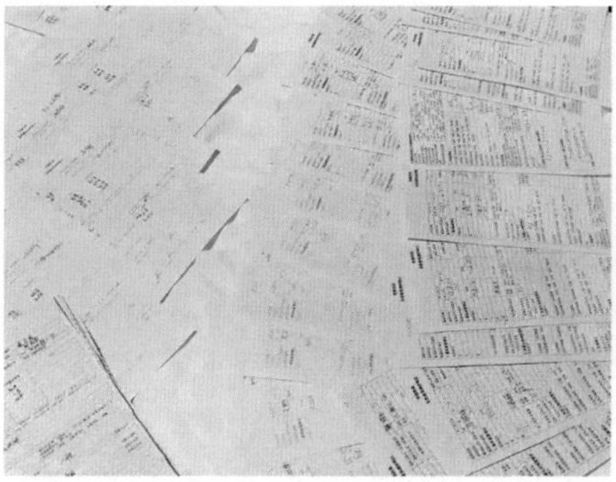
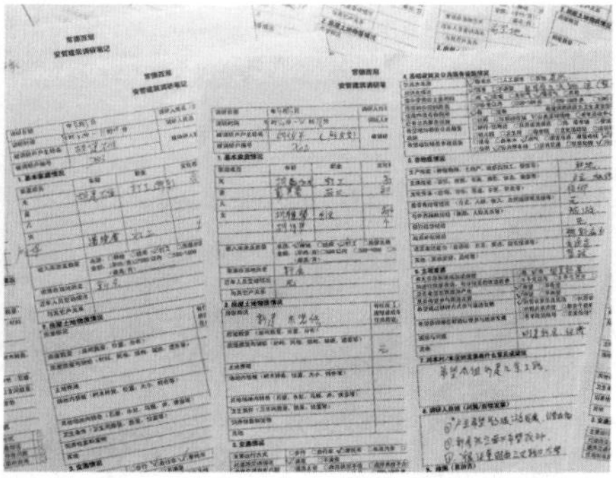

“农道安哲”调研团队对村里每户详细调研记录

2.2 设计思路

洞庭渔村，一个洞庭湖畔的小村落。
在这里，水产养殖及菜藕、湘莲种植为主要生产形式；
在这里，梅山文化及军垦文化深刻地影响着每一位村民；
在这里，我们将打造一个回归自然的传统村落形式；
在这里，我们将为村民提供一个世代安居乐业的桃花源。

在洞庭湖畔的渔村，村民近水而居，生产生活以渔业为主，村落布局在村落群体中较为特殊。作为西湖管理区全区域规划设计及建设国家农业公园的重点项目，洞庭渔村的设计将从布局、文脉、推进模式等方面进行多种尝试，希望在充分体现梅山文化和渔村特色的同时，令村落空间与大自然相融合，真真切切地提高村民的生活质量，享受大自然的美好。

因此，我们在充分了解当地文化的前提下，深入挖掘这种形态特征，力求打造一个村落群体式的新渔村。

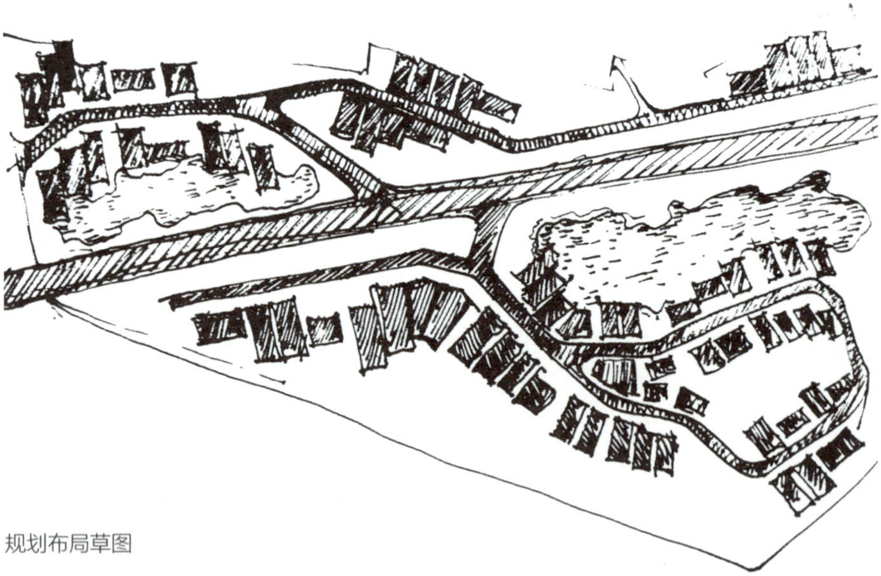

规划布局草图

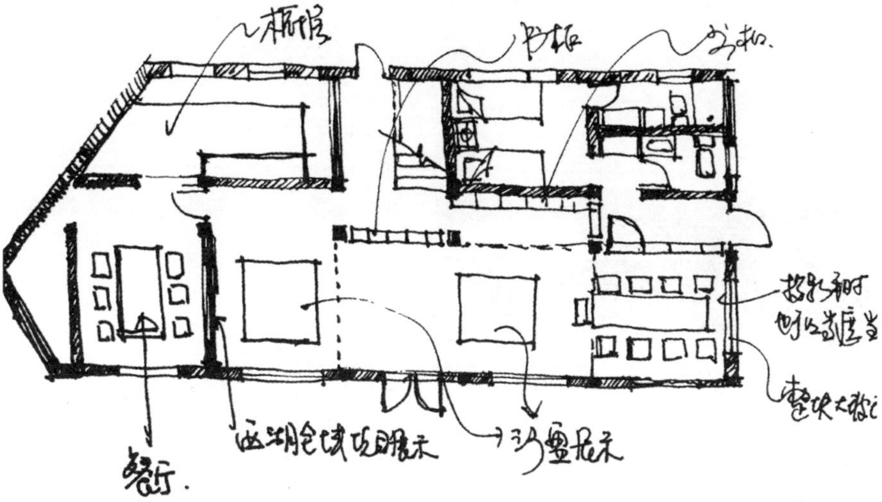

室内设计草图

村部设计草图

民居设计草图

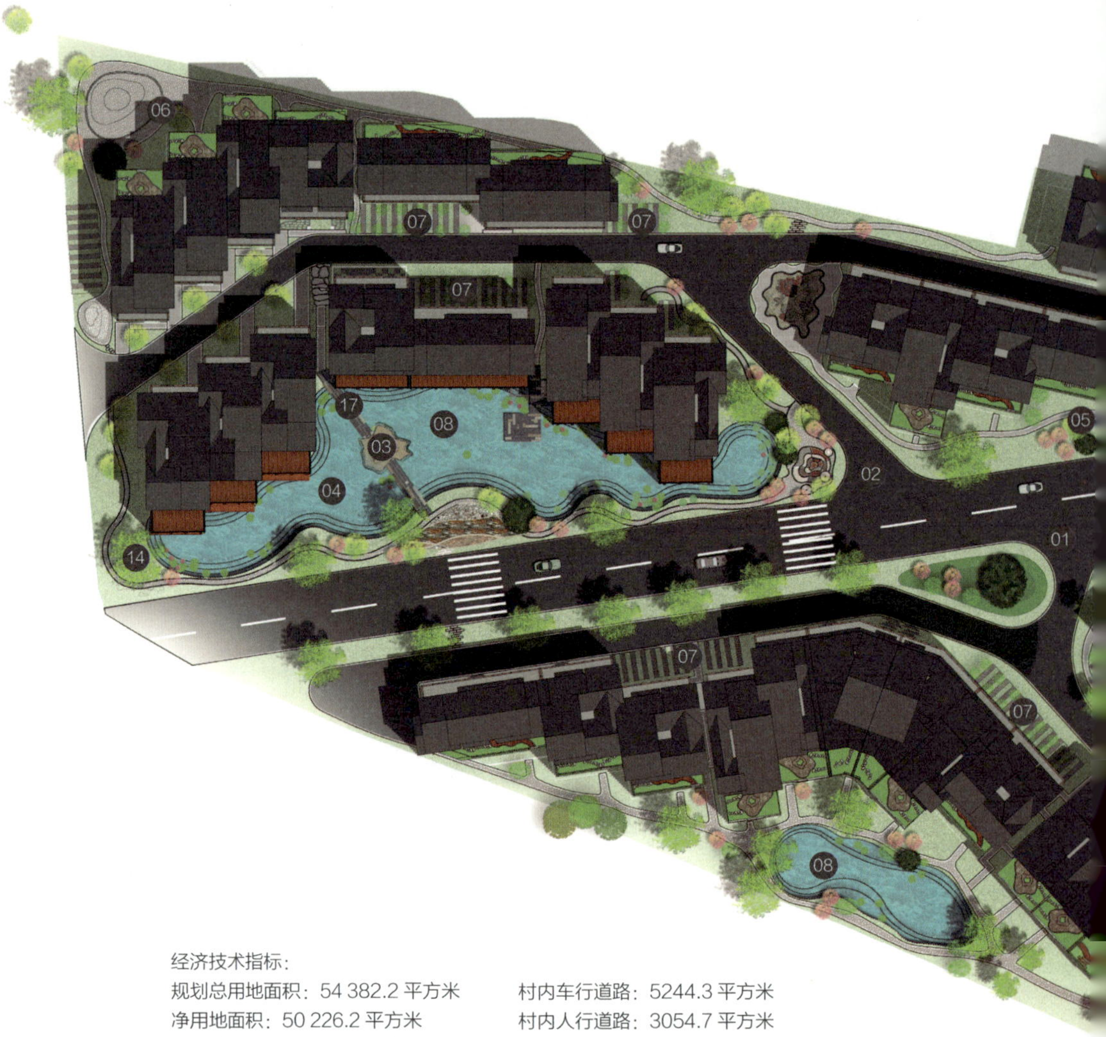

经济技术指标：

规划总用地面积：54 382.2 平方米

净用地面积：50 226.2 平方米

总建筑面积：26 056.8 平方米

公共建筑栋数：2 栋

停车位：121 个

民居建筑栋数：70 栋

建筑占地面积：9623.5 平方米

庭院面积：6580 平方米

广场面积：2514.6 平方米

鱼塘面积：5957.4 平方米

菜地面积：6811.7 平方米

容积率：0.47

绿地率：39%

村内车行道路：5244.3 平方米

村内人行道路：3054.7 平方米

A 户型 29 户，B 户型 19 户，C 户型 22 户

北广场：1314.3 平方米

南广场：1200.6 平方米

北鱼塘：1944.6 平方米

南鱼塘：4012.8 平方米

设计方案总平面图

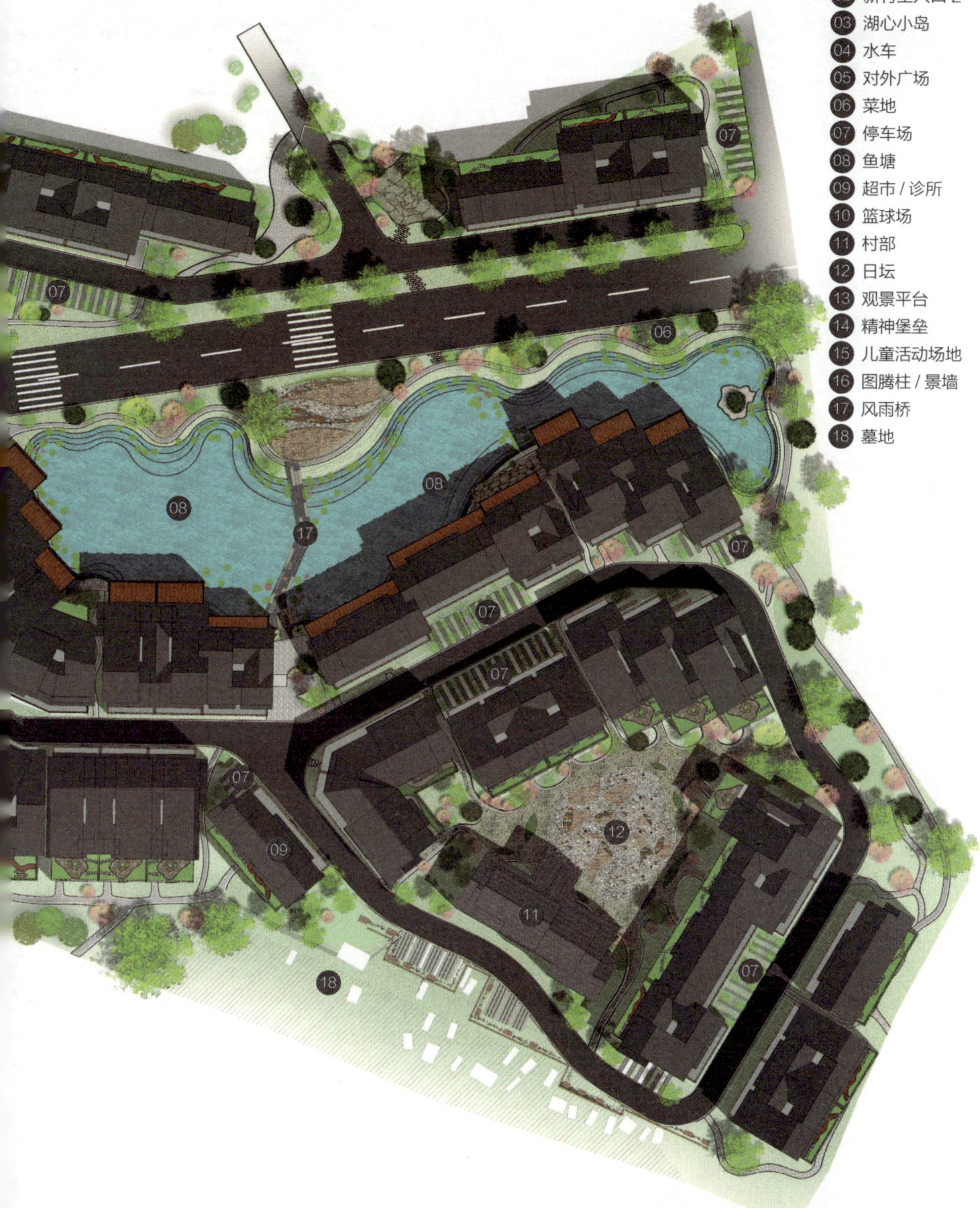

01 新村主入口 1
02 新村主入口 2
03 湖心小岛
04 水车
05 对外广场
06 菜地
07 停车场
08 鱼塘
09 超市 / 诊所
10 篮球场
11 村部
12 日坛
13 观景平台
14 精神堡垒
15 儿童活动场地
16 图腾柱 / 景墙
17 风雨桥
18 墓地

设计方案鸟瞰图

设计方案效果图 1

设计方案效果图 2

设计方案效果图 3

A、B、C 组合单体效果图 1

A、B、C 组合单体效果图 2

A、B、C 组合单体效果图 3

A、B、C 组合单体效果图 4

A、B、C 组合单体效果图 5

A、B、C 组合单体效果图 6

A、B、C 组合单体效果图 7

A、B、C 组合单体效果图 8

天井与空间示意

2.2.1 规划布局

远离噪声、尘土及安全隐患，令生活重归自然。

在中国南方的部分省份，许多新的村庄都是沿道路发展而来，如国道、省道、高速路两旁逐渐形成居住组团，而这种居住组团往往存在很多环境及安全问题。道路两旁尤其是国道、省道等主干道两侧，来往车辆很多，噪声、尘土令村民不堪其扰。尤其是夜晚，往来的车灯成为村庄不可避免的光污染来源。其次，习惯了乡村生活的村民往往无法适应居住在快速路旁，所以每年交通事故频发，形成很大的安全隐患。

若新村建设仍然依照“房屋—道路—房屋”的模式进行规划，那么“新”村中必然出现“旧”问题。

针对环境和安全方面的问题，新村在整体规划中将原有的小水塘予以扩展，在道路两侧分别设置水面较大的鱼塘，以此过滤噪声与尘土，并且有效降低夜晚车辆对村庄的干扰；新村在设计中除了利用鱼塘拉开住户与国道的距离，在南北两侧只设置一个出入口，并做减速处理，最大限度地保证村民的出行安全。村内街道自然蜿蜒，整个村落动线畅通。

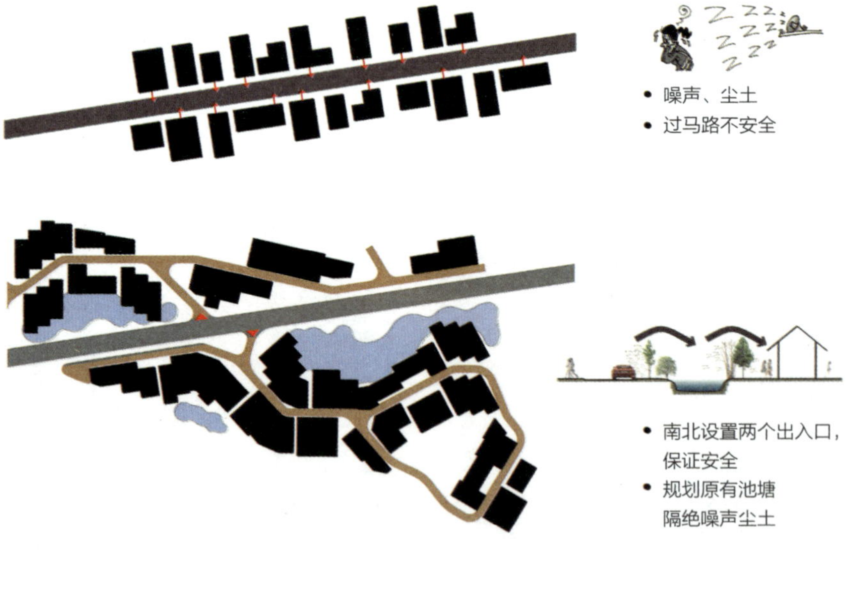

洞庭渔村新村规划布局理念

2.2.2 居住类型

梅山文化 浓浓乡情

常德西湖区为移民管理区，村民大多因柘溪水库的修建从新化、安化等地搬迁而来。为此，主创建筑师团队对新化、安化等地的建筑内部空间布局、屋檐处理、景观小品等进行了长时间的实地调研，让规划设计沿袭梅山地区的建筑风格和规划布局特点，新村设计与原搬迁地梅山文化相融合，意在让新村能与村民的情感基础产生联系，让村民在精神、文化上有归属感。

在具体的居住形态上，设计师设计了三种基本户型，可以灵活的组合，以适应不同的场地布局情况，并且在整体上形成了理想的空间比例和层次关系。

村庄中另设两个广场，分别为对外的停车广场和对内的活动广场，既满足村民及游客的停车需求，又为节日庆典、红白喜事等村民活动提供场地。

村庄整体呈现小街区的形态，在保证村民一定私密性的前提下，将个人空间与村落公共空间相融合。街区中包含服务于旅游业态的功能空间，如餐饮、住宿、特色产品售卖等。将旅游产品呈现于村民的生活状态之中，令整个游览过程更具生机和烟火气息。

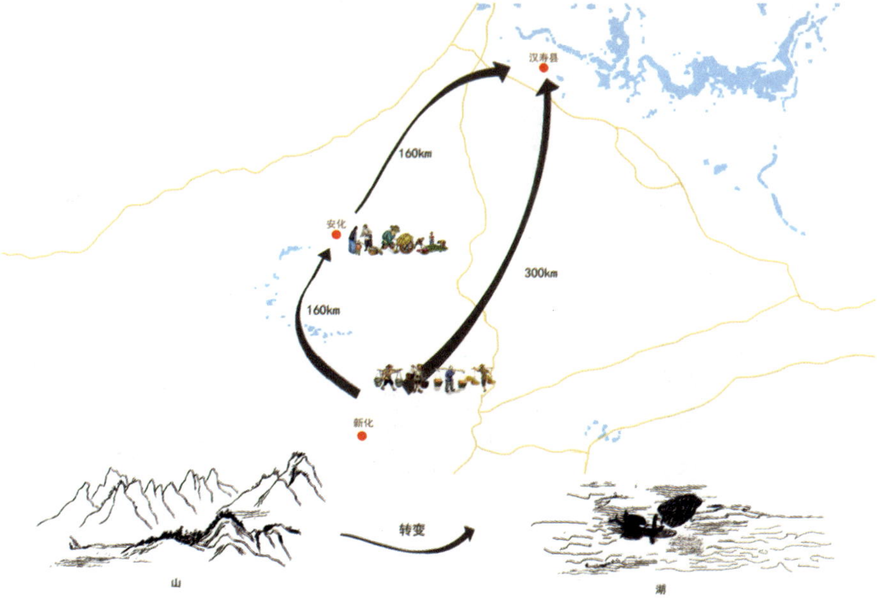

洞庭渔村村民迁徙路线

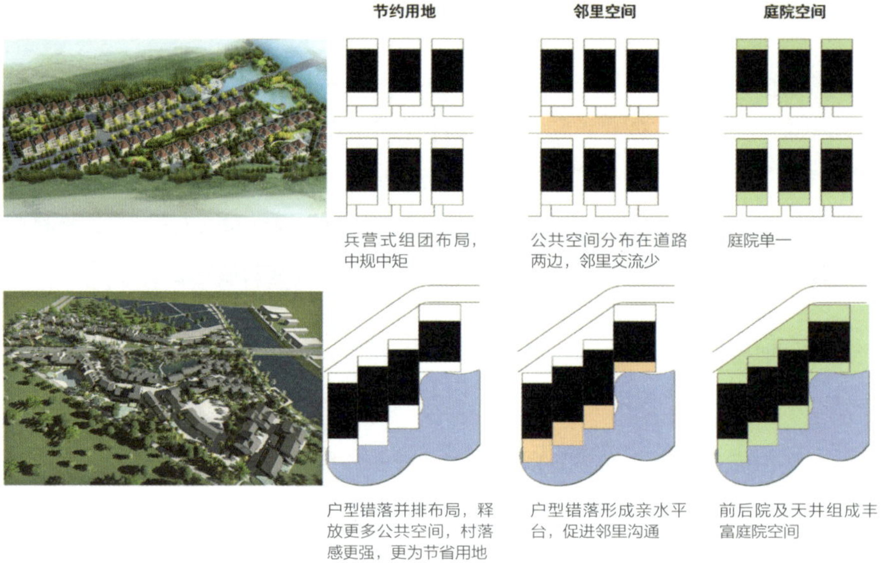

设计院规划方案与“农道安哲”规划方案对比

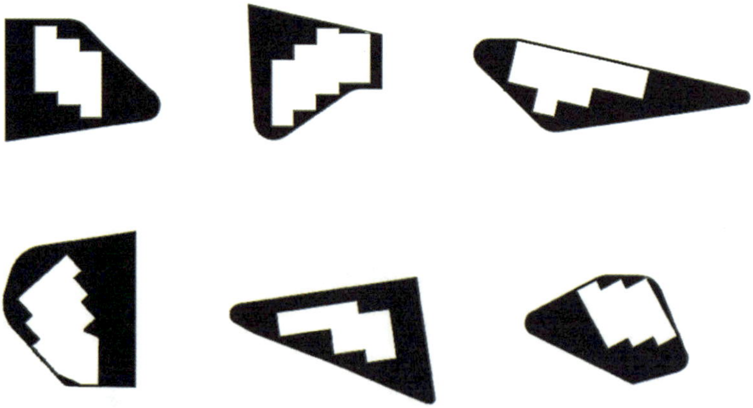
三种户型的任意组合方案

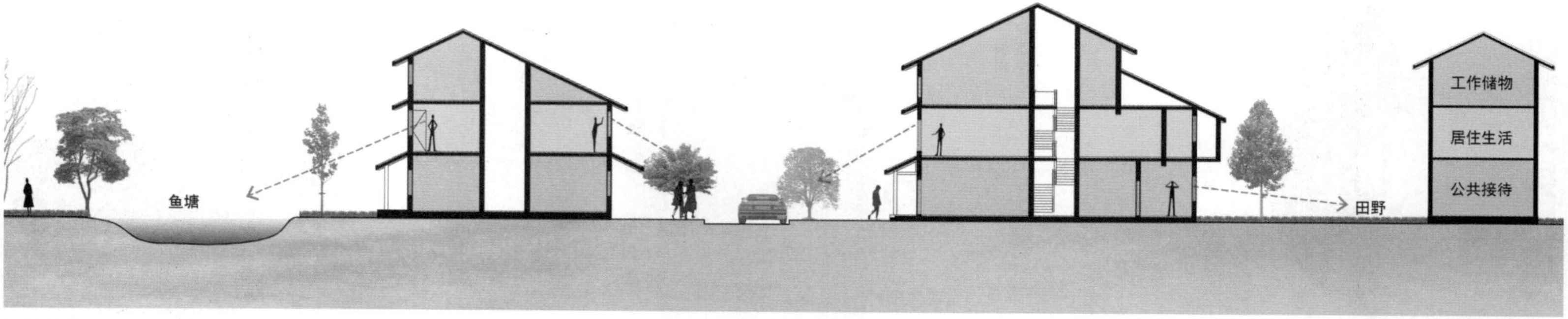

视线分析

设置客厅，可作堂屋，遵照当地传统习俗陈设，也可作待客厅并起过渡空间的作用

设置天井，满足采光需求，同时增加户型内的绿化

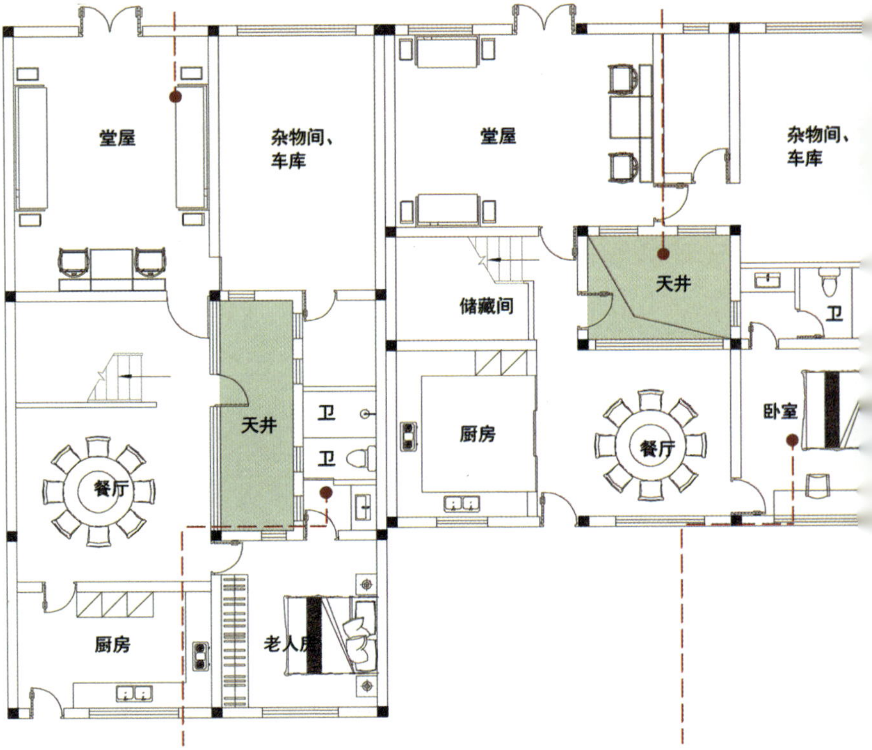

卫生间都做干湿分区设计

卧室都朝南向，使于采光通风

空间使用说明示意

设置独立餐厅，就餐的同时欣赏窗外景色并且共享一天的所见所闻

老人房位于一层朝南向，风格简洁，配色高雅舒适

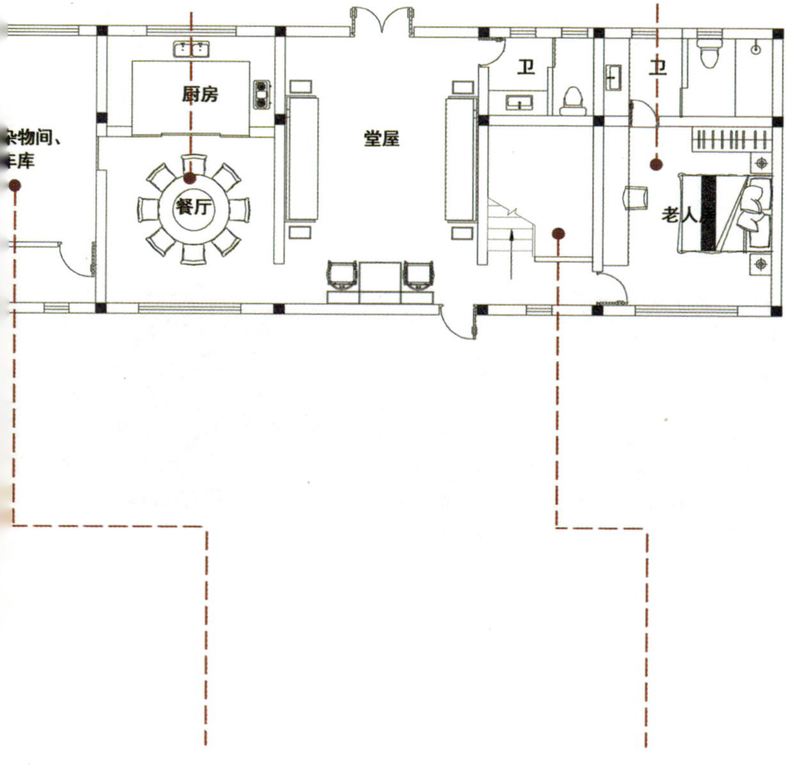

设置杂物间，并规划摩托车车位，避免随意停放

楼梯下可做储藏间，储藏平时积累的杂物及生活工具

2.2.3 分期建设

洞庭渔村原是农场区，因人员不断增多而导致村落扩张，原有的老村区域已无法满足当前的居住需求，打造一个全新的洞庭渔村势在必行。新村与旧村位于国道两侧，两个村落分为一、二期进行开发建设，其中新村为一期工程，旧村为二期工程。新、旧两村因其客观条件的限制，采用不同的设计手法。新村为完全新建项目，旧村则以改造为主。设计手法虽然不同，但规划目的是一致的——令乡村回归自然，让农村更像农村。

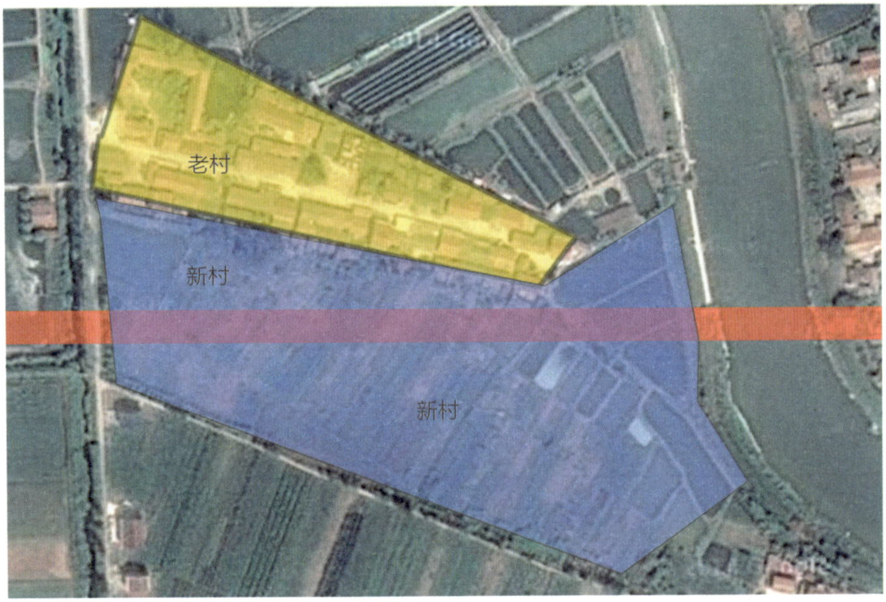

一条省道横贯新村

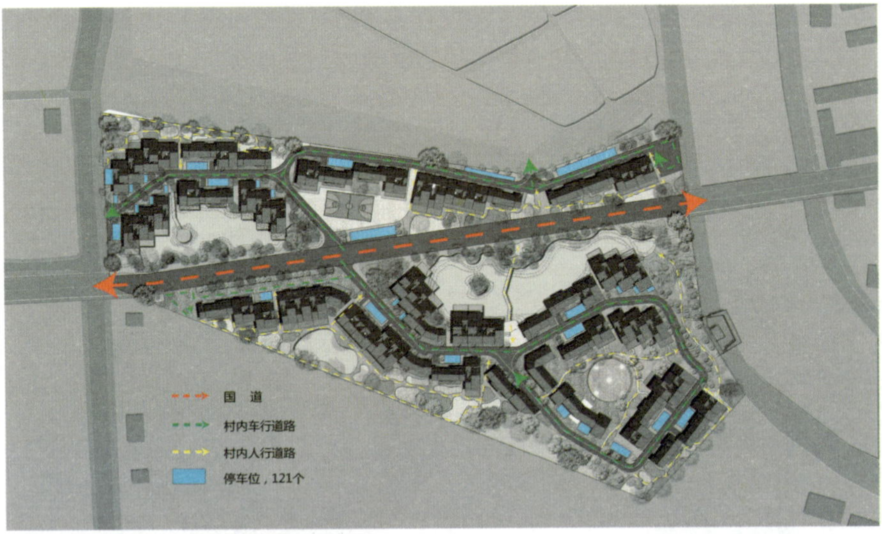

洞庭渔村交通分析

洞庭渔村户型分析

洞庭渔村分期建设分析

规划方案 A 平面图

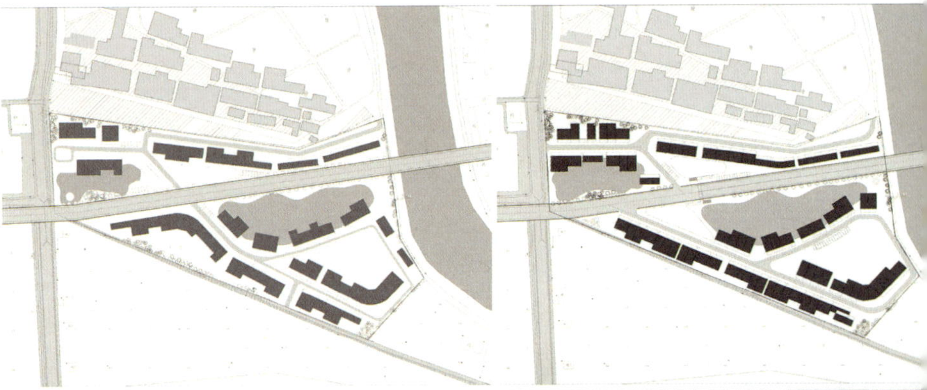

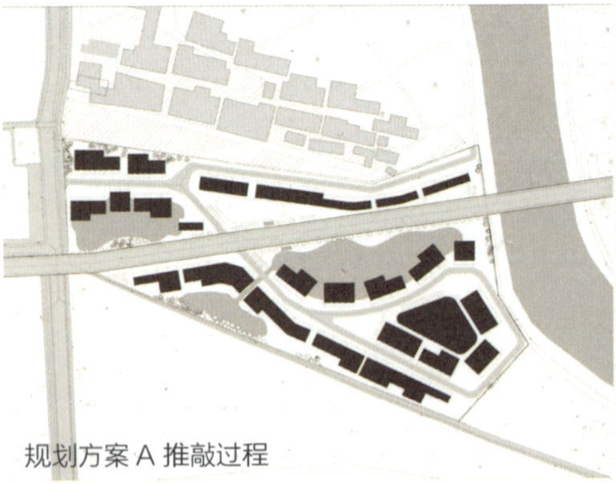

规划方案 A 推敲过程

规划方案 A 模型

前期做了近二十版的规划方案推敲，仅展示其中的几版

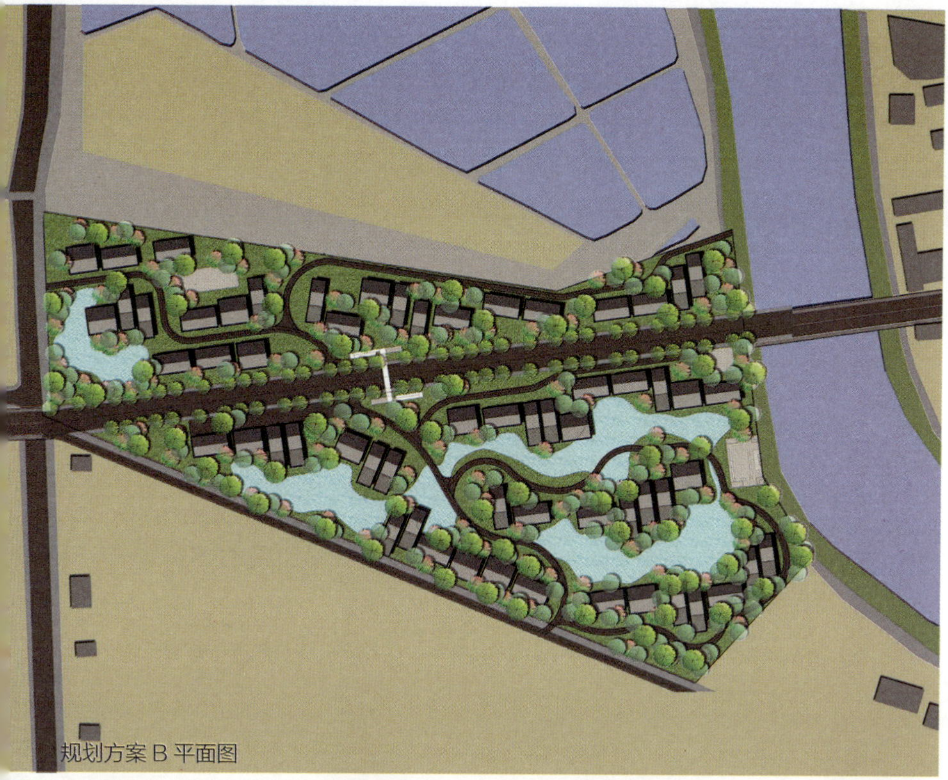

规划方案 B 平面图

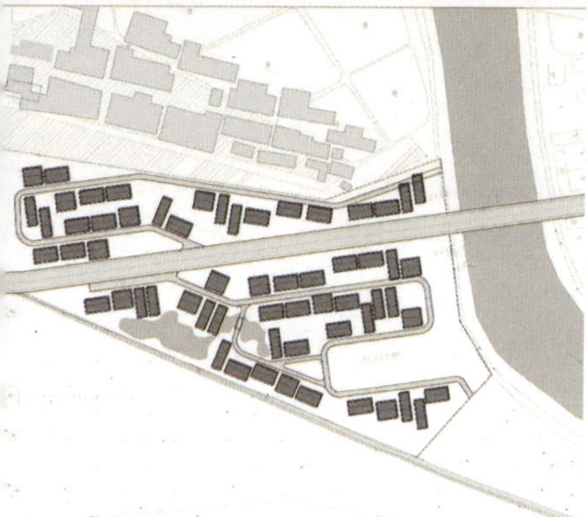

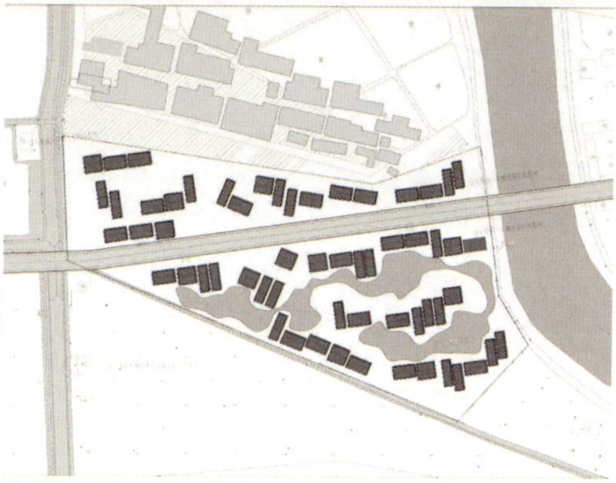

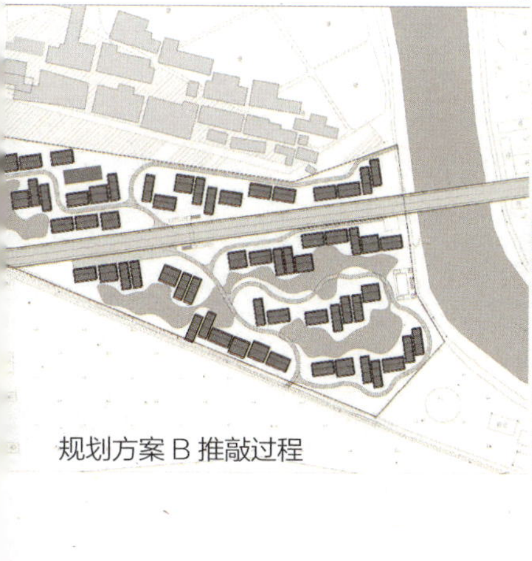

规划方案 B 推敲过程

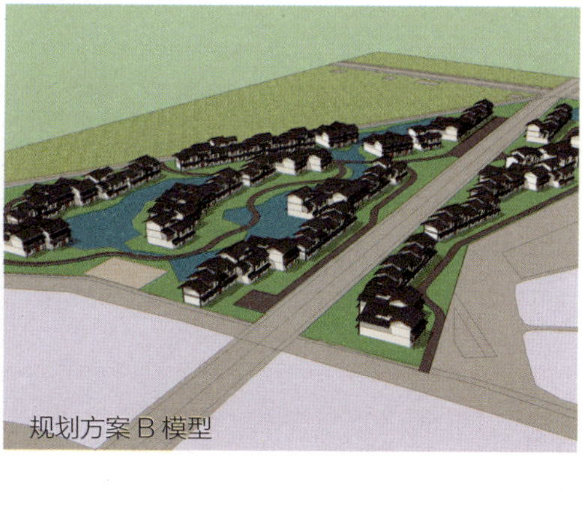

规划方案 B 模型

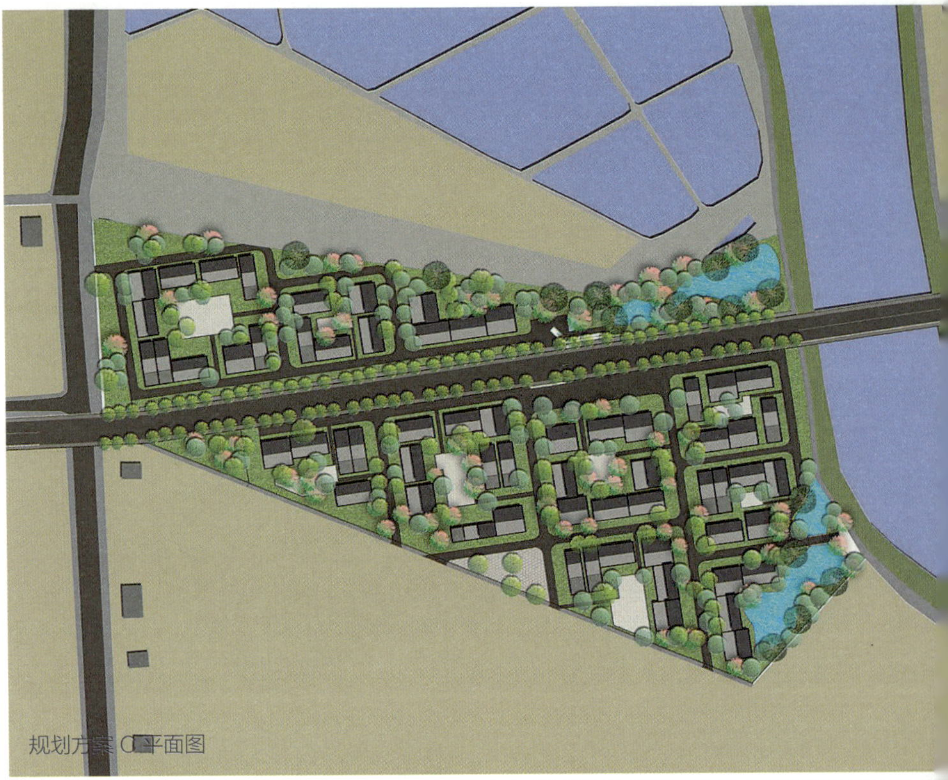
规划方案 C 平面图

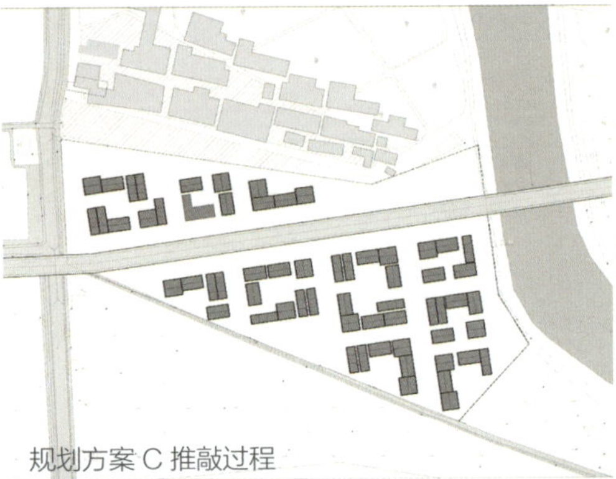

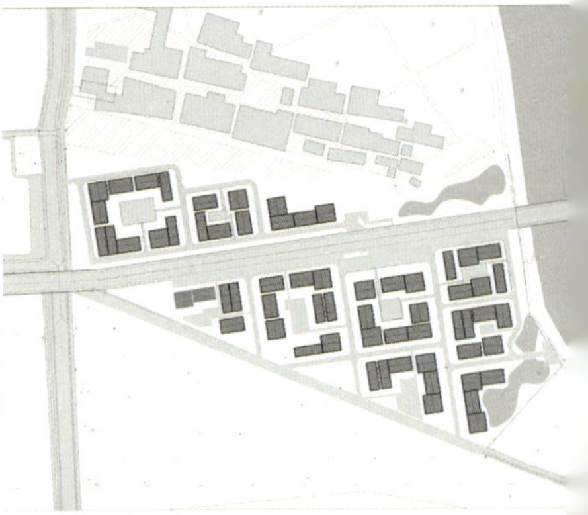
规划方案 C 推敲过程

规划方案 C 模型

前期做了近二十版的规划方案推敲，仅展示其中的几版

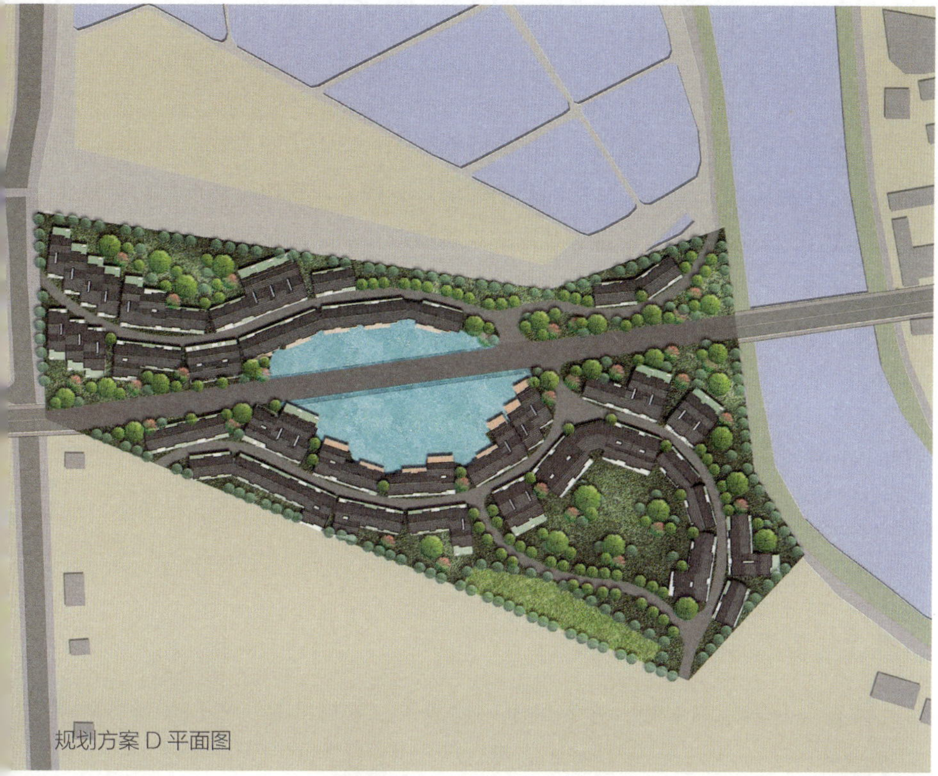

规划方案 D 平面图

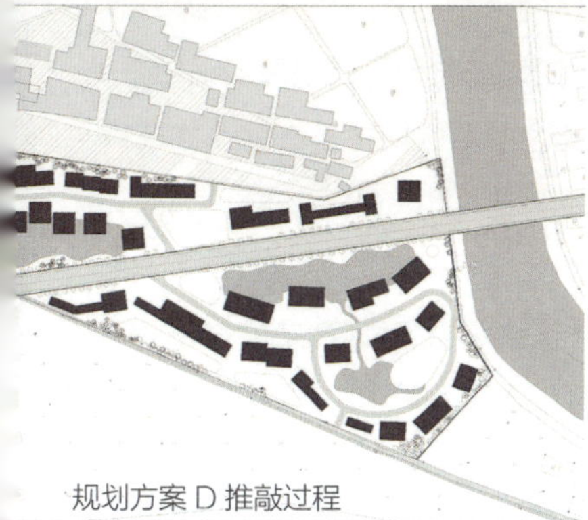

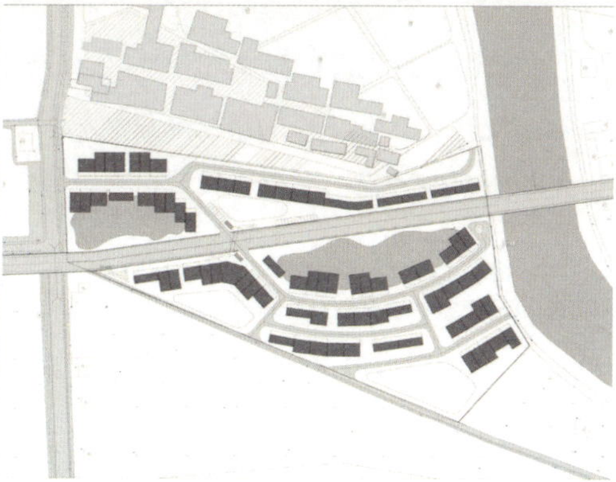

规划方案 D 推敲过程

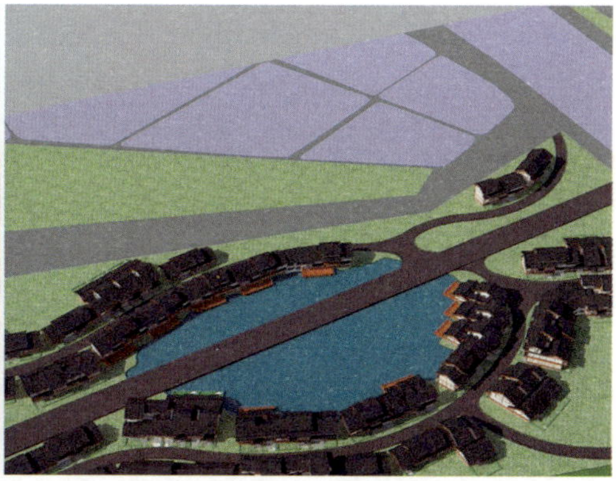

规划方案 D 模型

2.3 建筑意向

洞庭渔村的村民多为新化、安化地区的移民，由于水库修建而离开原本的居住地，对梅山地区的挂念是他们共同的情感基础。而梅山地区的建筑特点主要表现为层层叠叠的屋檐、错落有致的景观与曲径通幽的道路。因此在建筑设计和景观设计方面，借鉴梅山地区的建筑风格，同时运用当地建筑材料，为村民呈现一个能唤起乡愁的建筑意向。

那么，如何让一座新村洋溢着家乡的味道，令村民在这里获得归属感，成为此次设计的重点之一。设计团队对梅山地区进行实地调研，总结该地区的规划、建筑特色，力求打造一个符合梅山文化特色，并让村民易于接受的洞庭渔村。

2.3.1 乡村公共建筑

村委会是洞庭渔村投入建设的第一栋建筑，其目的是为民居的修建提供示范。

在梅山文化发源的湖南安化地区，传统民居以非典型干栏式民居最为常见，从侧面观察，其穿斗式的结构非常清晰。村委会的西侧同样设有穿斗式结构，以此呼应本地的梅山文化背景。在梅山地区，建筑屋顶以青瓦为主，呈青灰色，经阳光和雨水的打磨，颜色会越发深沉。建筑外墙以白色的竹编夹泥墙为主。外墙的白色、穿斗结构的木色、瓦的深青色和谐统一，使建筑显得古朴又不失轻盈，并使其与周围的山体、田野、河流的环境和谐相处。

西湖管理区地处江南，多雨且潮湿。因此建筑采用南方常见的坡屋顶；建筑的底层设置相对大的窗，以便穿堂风经过，通风隔潮；空间上，底层和二层设置灵活多变的多功能大空间，三层为可观景可远眺的大露台；同时在建筑的底层外部设计了一道风雨走廊，平时可作为村里老人闲聊和儿童嬉戏的场所，雨天可为行人提供避雨空间。

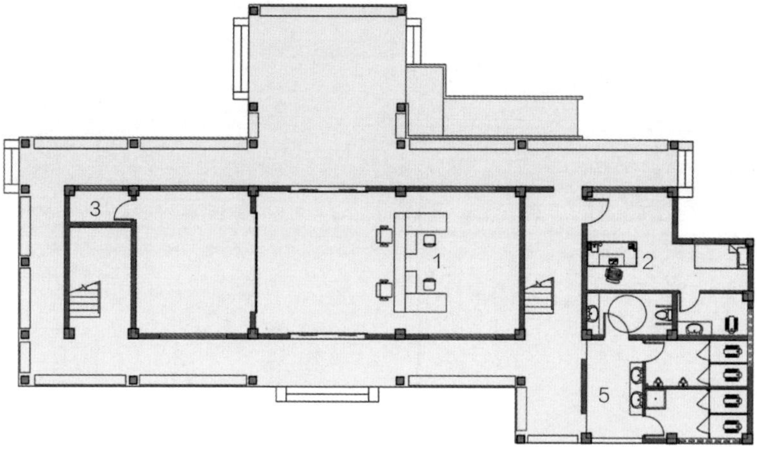

村委会一层平面图

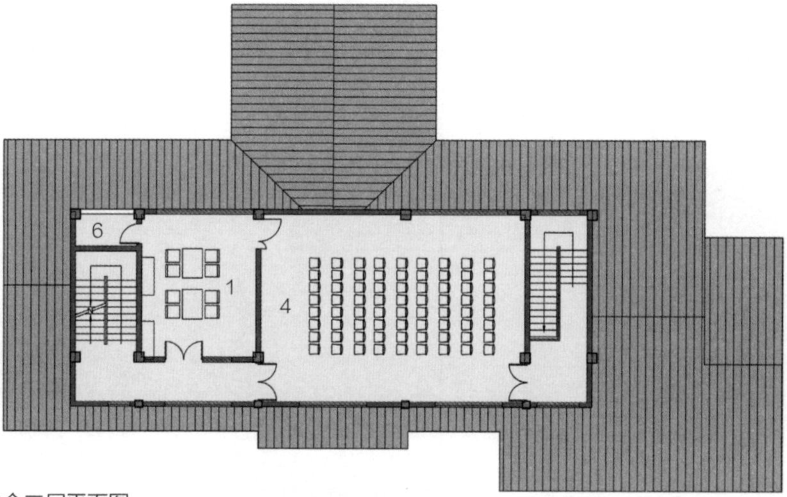

村委会二层平面图

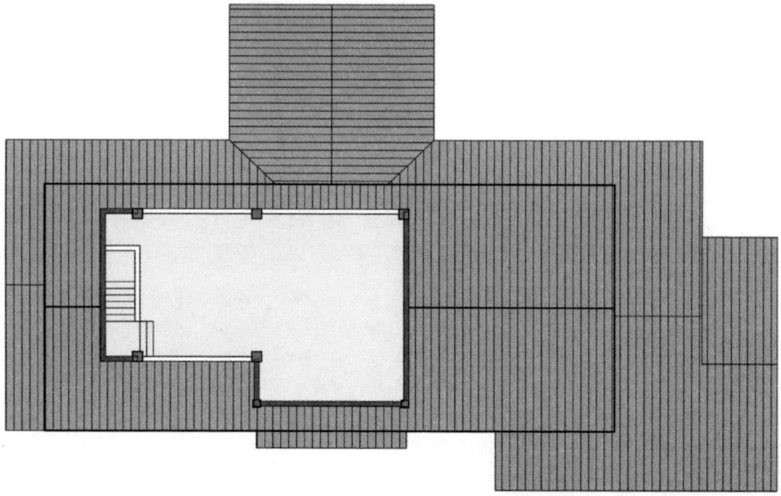

村委会三层平面图

1. 办公室（兼调解室） 3. 储藏间 5. 卫生间
2. 卫生室 4. 会议室 6. 阳台

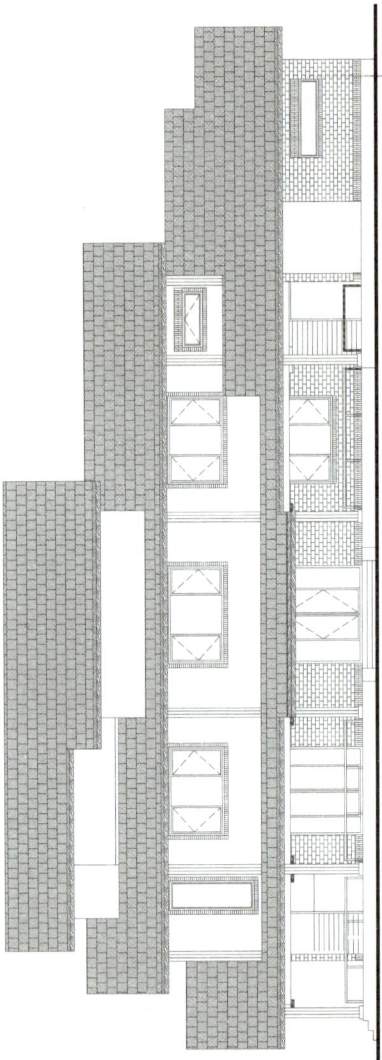
村委会北立面图

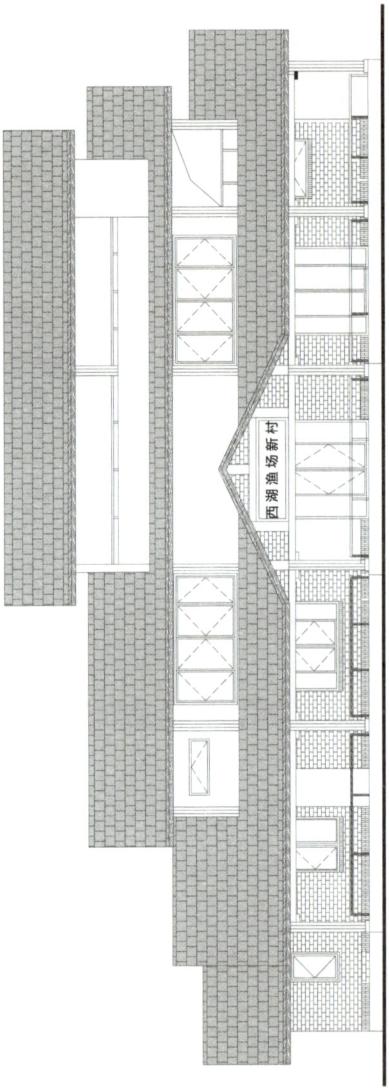

村委会南立面图

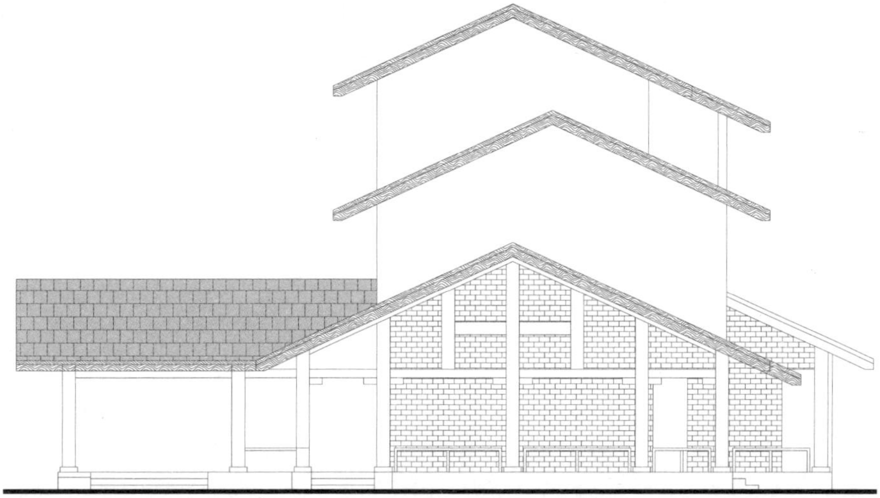

村委会西立面图

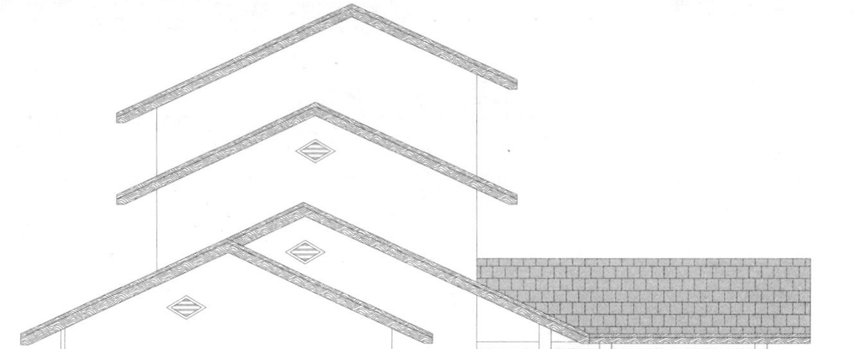

村委会东立面图

建设中的村委会

2.3.2 民居建筑

民居的建筑风格与公共建筑相统一，但又各不相同。建筑以白墙、青瓦、夯土造型的底层为元素，构成建筑的基本视觉形态，通过半层的设计手法达到高低错落的效果。成片有机组合的青瓦屋顶，沿水面交错排列，形成或连续或渐变或起伏或交错的节奏。

“宜”“实”——梅山文化先人在梅山地区恶劣的自然环境中长期与大自然抗争，逐渐形成了实用的营造观念，创造了一套因地制宜的民居建造的方法。洞庭渔村的民居建筑同样遵循这些理念。

安化山区具有多林木的资源特点，因此房屋多为木构建筑。这里的纯木结构占 60%，其余为砖木结构、竹木结构、土木结构及石木结构。“宜”“实”亦可翻译为“当地”“当下”，在常德西湖区，结构演化为最实用、最具性价比的砖混结构。

在湖南安化、新化，梅山人结合山区多变的地形，灵活布局民居建筑，利用木构架，随地形起伏树立木柱，自由布置平面。而在平坦的洞庭湖平原，考虑到环境、安全等方面的原因，民居线性布局，近水而居。

线型公共空间，一般由建筑正立面围合而成，宽度为 2 ~ 4 米，主要承担交通功能，通过性与停留性并存，兼具邻里交流、娱乐活动等功能。

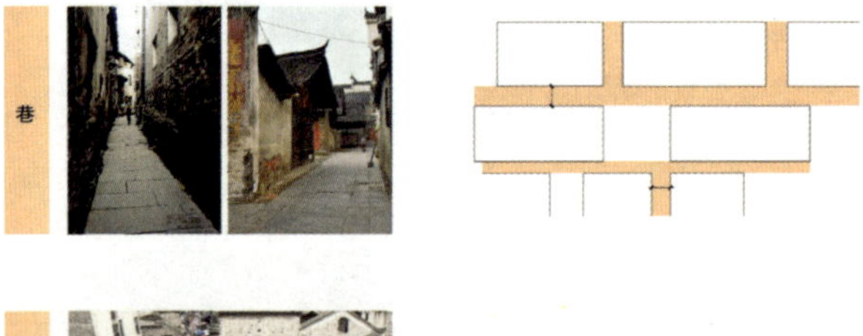

线型半公共空间和私密空间，一般由建筑侧立面围合而成，宽度为 0.8 ~ 2 米，主要承担村落人行交通、部分邻里交流功能等。

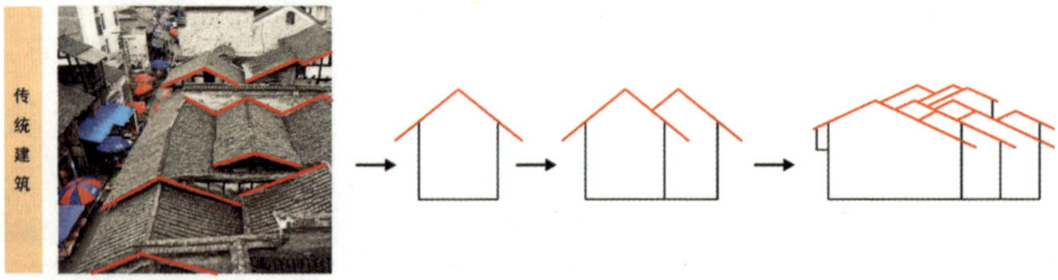

传统老建筑总结提炼

洞庭渔村模型

A 户型独栋建筑效果

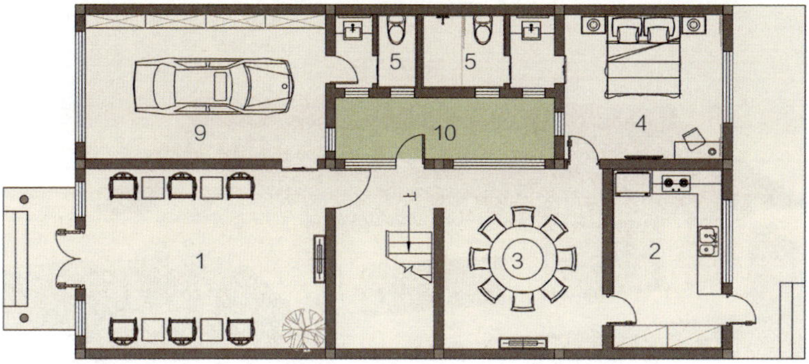

A 户型一层平面图

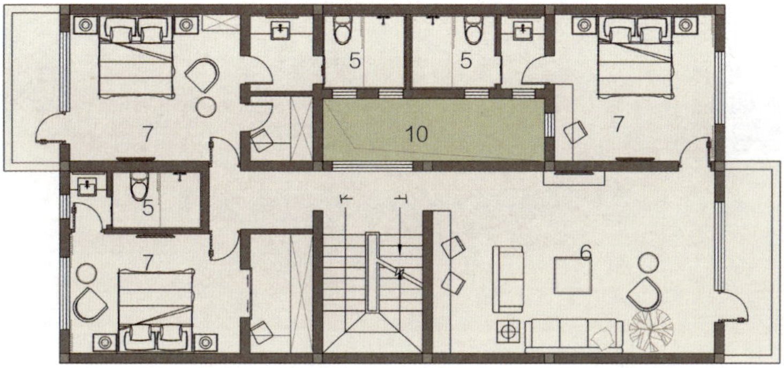

A 户型二层平面图

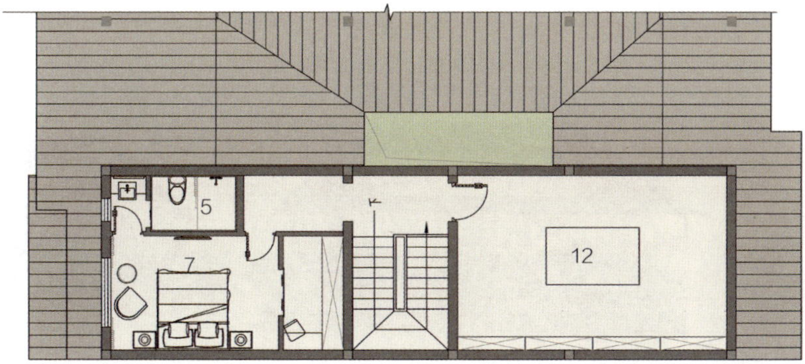

1. 堂屋
2. 厨房
3. 餐厅
4. 老人房
5. 卫生间
6. 客厅
7. 卧室
8. 书房
9. 杂物间 / 车库
10. 天井
11. 洗衣房
12. 储藏室

A 户型三层平面图

B 户型独栋建筑效果

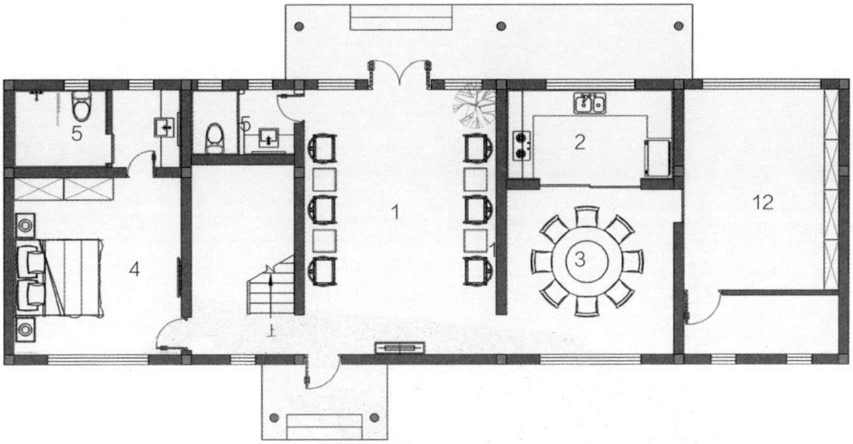

B 户型一层平面图

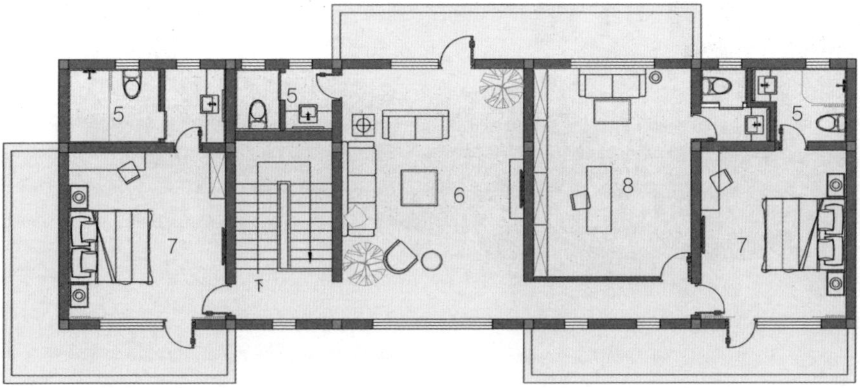

B 户型二层平面图

B 户型三层平面图

1. 堂屋
2. 厨房
3. 餐厅
4. 老人房
5. 卫生间
6. 客厅
7. 卧室
8. 书房
9. 杂物间 / 车库
10. 天井
11. 洗衣房
12. 储藏室

C 户型独栋建筑效果

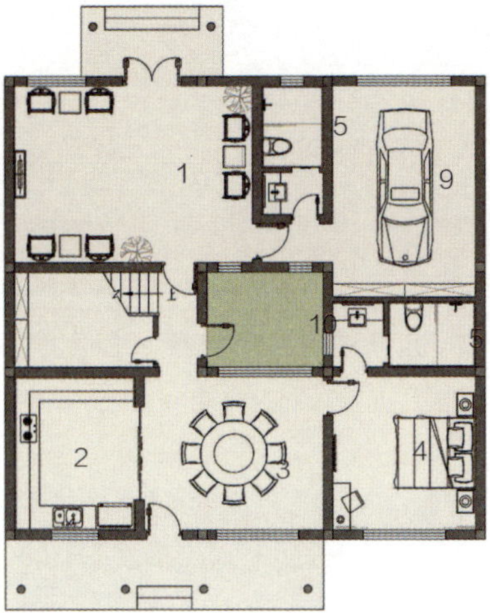

C 户型一层平面图

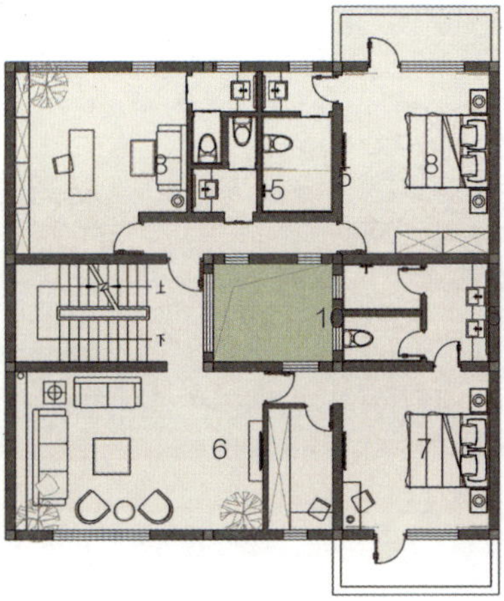

C 户型二层平面图

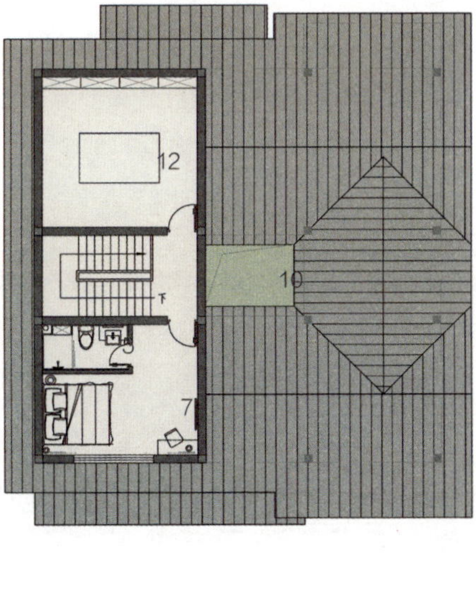

C 户型三层平面图

1. 堂屋
2. 厨房
3. 餐厅
4. 老人房
5. 卫生间
6. 客厅
7. 卧室
8. 书房
9. 杂物间 / 车库
10. 天井
11. 洗衣房
12. 储藏室

2.4 乡村景观

整体设计采用自然与城市相结合的方式，以“渔”为景观元素，结合项目场地，对景观元素进行演绎和艺术化的处理，赋予其功能，同时穿插当地的文化元素。借助于湖、树、台等自然景观元素，让村民在亲近大自然、享受大自然的同时拥有宽敞的活动空间。利用原有的坑塘，强化渔村的特性，让农村更像农村。

局部景观效果图

2.4.1 场地设计

“万物有灵”“有机生命体”——梅山人离开洞穴开始营构自己的生存空间时，就涉及与环境如何对应的问题，为了使自己在环境中立足生存下去，一方面在“同”态内聚意向作用下，加强聚落的团结，即人人合一，另一方面又利用心理上的平衡来抵御残酷的自然环境形成的重压。

如今，乡村虽然不再面临基本的环境安全和生存问题，活动项目也日益繁多，但场地设计依然需要适应长久以来的居住习惯，保留先民繁衍生息的痕迹。基于此，项目设计采用多场地的设计模式，增加村民的活动场地，保证村民的公共活动和运动空间。主要场地采用鱼鳞形设计，主体铺装多为碎拼、混拼，采用当地被拆除房屋的旧石材、旧石料，并且融入“渔”式的景观元素，力求打造一个自然、质朴的村落。

2.4.2 植物设计

植物多采用南方常用植物，因地制宜，坚持生态优先、自然和谐的原则，满足生物多样性需求，营造结构合理的自然景观。以乔木层为景观骨架，结合乔、灌、草，构建多层次、多树种、多结构的自然生态系统，打造春花烂漫、夏荫遮蔽、秋彩斑斓的优美景观和稳定的植物群落。优先选用少维护、耐贫瘠、抗污染的乡土植物，将长寿慢长树种与速生树种相结合，增加彩叶树种。结合雨水收集，倡导生态功能，摒弃“城市化妆术”，营造三季有花、四季有景的植物景观。

布局规划为前后院外均有一棵不同的树种点景，每家门口形成不同的特色。门口处则树、灌、花三者相结合，层次丰富，效果多变。

局部平面图

水景效果图

2.4.3 庭院设计

整体庭院的规划方式为独户独院，设置前后院，前院可供会客、停放自驾车辆等，后院为村民纳凉及活动的区域。庭院设计方面，保证每户居民有相对独立的私密空间，同时采用开敞式围栏，以旧石叠砌，降低围栏高度。由此，村民的宅院既自成一体，又与周围相邻的院落连成一片。各家各户拥有更加开阔的视野，而非在自家庭院中围合封闭。

2.4.4 水系及灯光设计

在水系方面，采用垂直加缓坡设计。缓坡处理旨在确保村民在水体周边玩耍、活动时的人身安全，并且提供一些提示性信息。水体周边以芦苇、水葱、香蒲等进行点缀，湖中栽种荷花，让整个水系更灵动、更有趣。村民在湖边游玩时能够亲近大自然，无安全之隐患。

在灯光设计方面，在保证照明的基础上多采用草坪灯，保证基础亮度的同时，使灯光不刺眼。每户庭院门口设置一盏地埋式射灯或庭院灯，树、影、灯相结合，每家每户的门口特色各异，充满自家的归属感和温馨感。

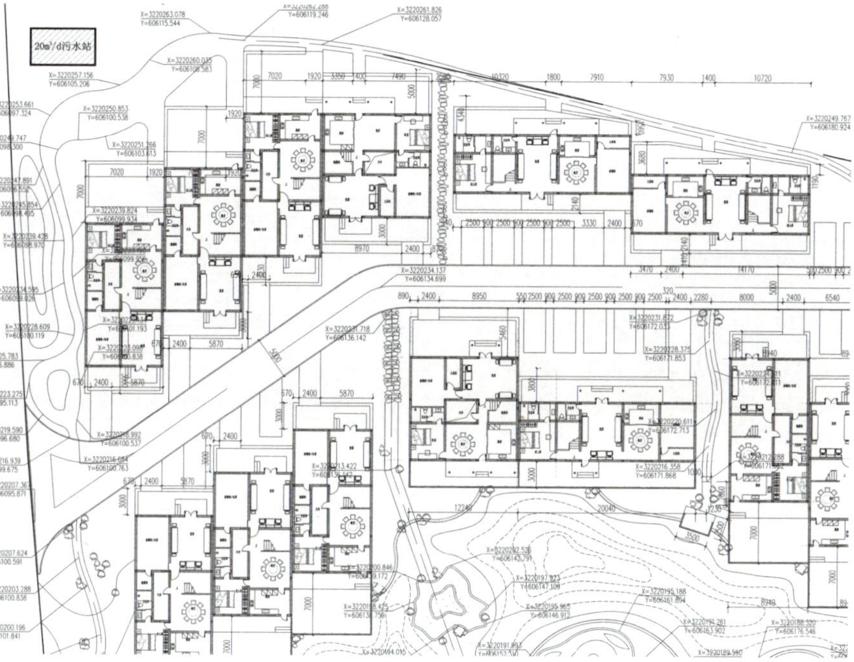

景观局部节点 1

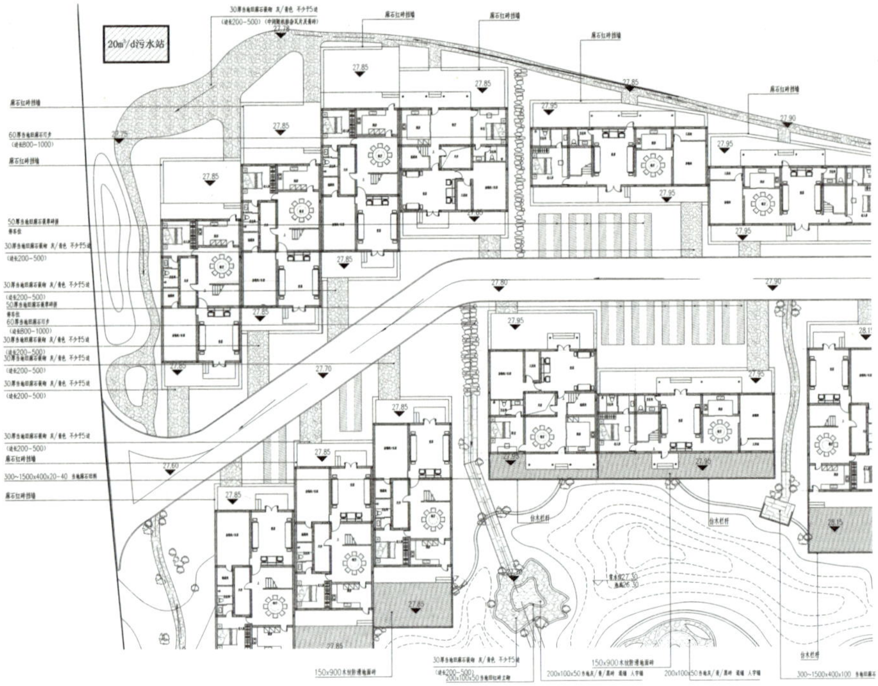

景观局部节点 2

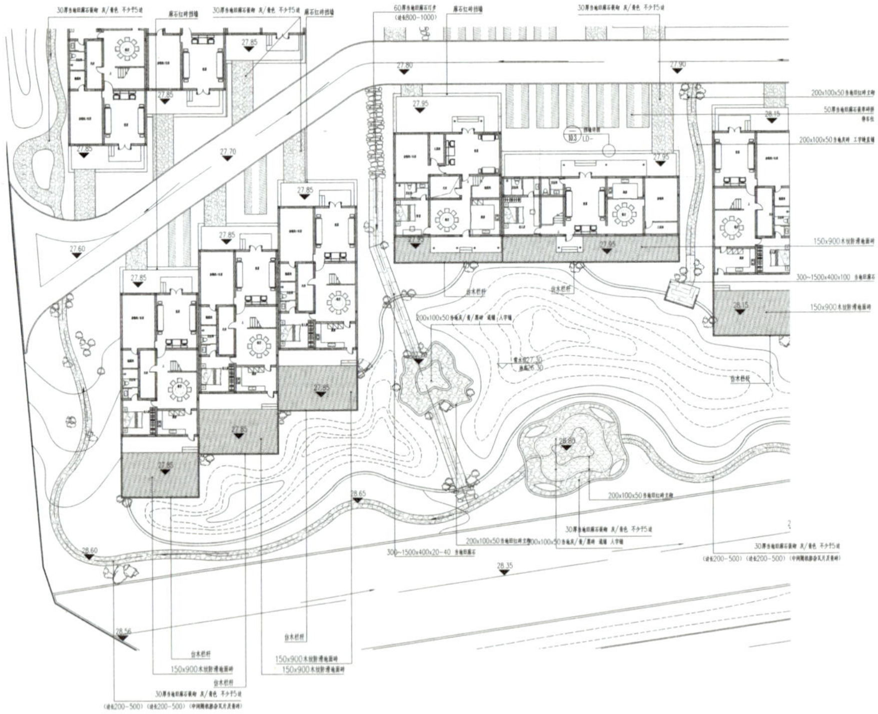

景观局部节点 3

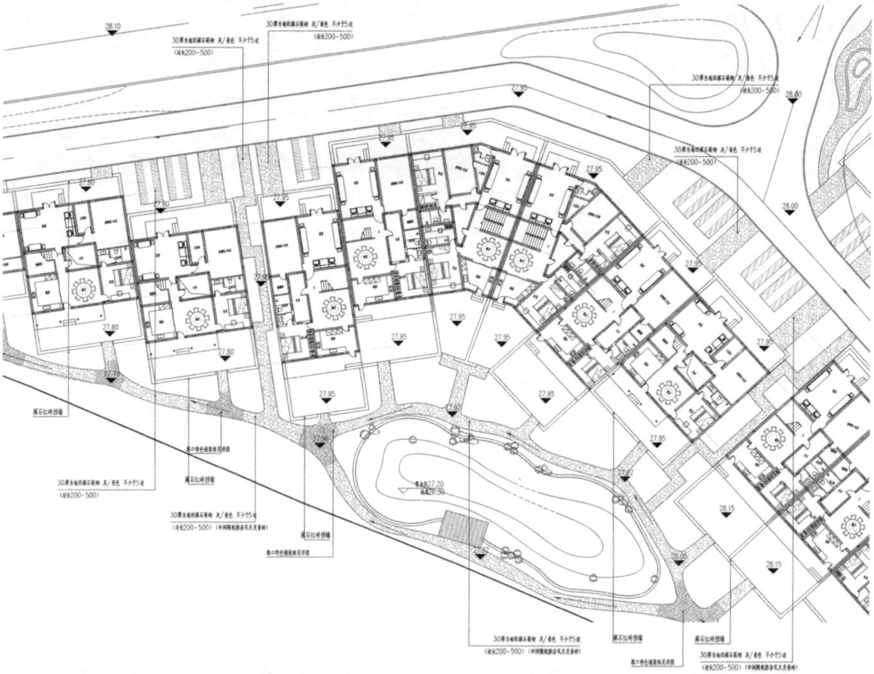

景观局部节点 4

景观局部节点 5

建设中的洞庭渔村 1

建设中的洞庭渔村 2

建设中的洞庭渔村 3

2.5 模型研究与推敲

制作模型是“农道安哲”的主要工作模式，是一个重要的研究手段。相较于效果图，制作模型，虽然工作量大增，但我们可以更加直观、真实地了解项目落地时的真正状态。在洞庭渔村项目中，我们制作了大量模型，进行空间推敲与乡村布局研究。因为建造村庄是一件严肃而神圣的事情，村庄一旦形成，将在很长时间内保持不变，村中居民甚至世世代代居住于此，制作模型就显得尤为重要。

设计师制作模型

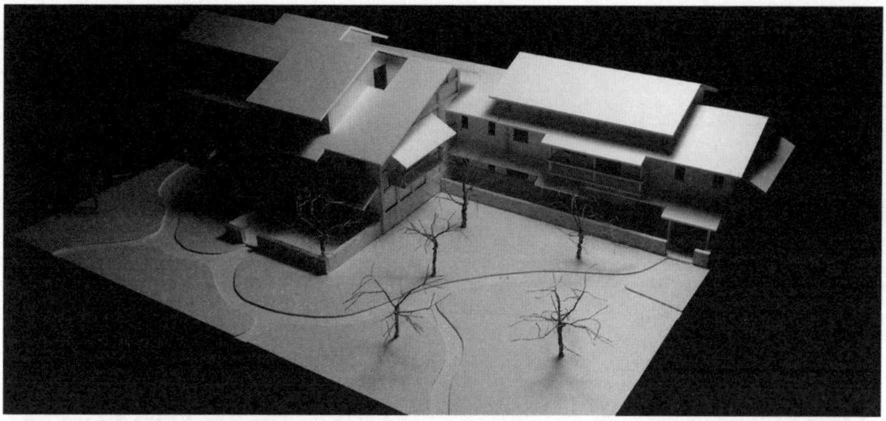
A、B、C 户型组合单体建筑推敲过程模型

定稿规划模型

村部推敲模型

户型组合单体建筑推敲过程模型

2.6　漫长沟通与观念转变

2015 年 11 月 26 日刘爱军主任对方案做指示

2015 年 11 月 26 日 龚霞波书记与王求安交流方案构想

2015 年 12 月 30 日在新村用地上展示设计方案

2016 年 3 月 5 日西湖区区委领导考察河南郝堂村

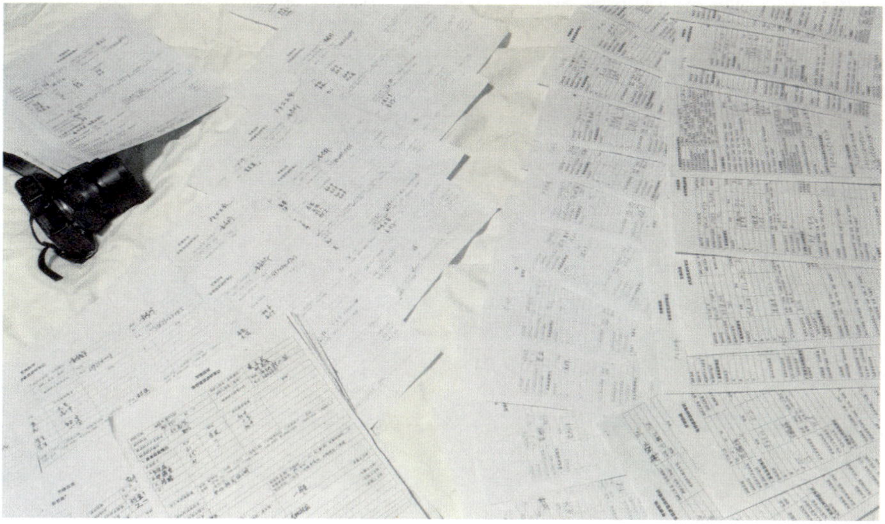

2016 年 4 月 13 日“农道安哲”入户调研表

2016 年 10 月 22 日村民参观三瓜公社

2017 年 4 月 26 日原住建部李司长来西湖讲课

2.7 施工过程记录

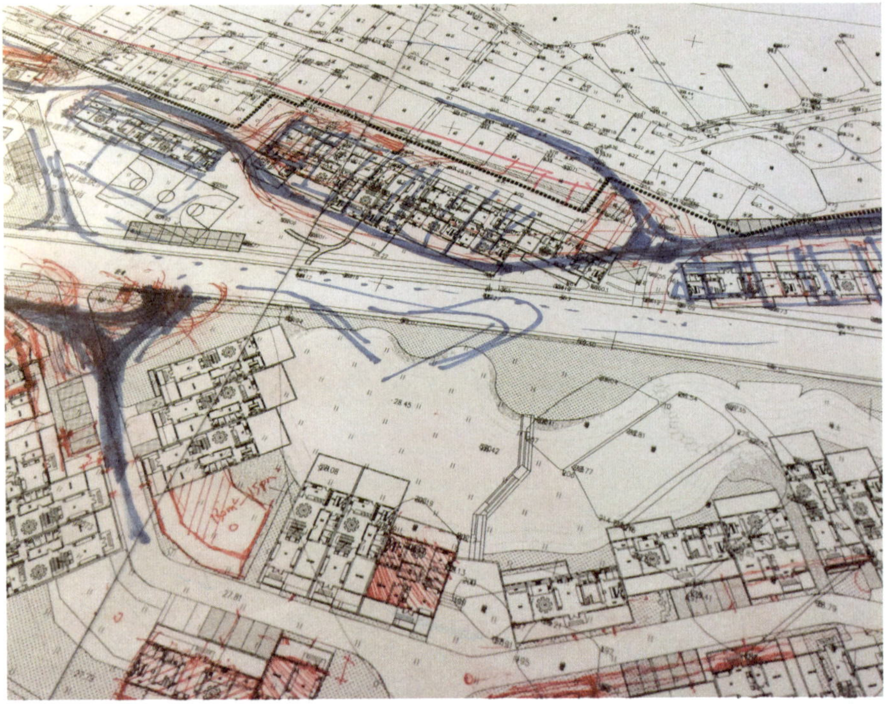

2016 年 1 月 11 日现场方案调整

2016 年 4 月 13 日“农道安哲”入户调研

2016 年 11 月 9 日张主任、鲁局长施工现场协调

2017 年 1 月 23 日村部封顶

2017 年 4 月 20 日村部进行红砖铺装尝试

2017 年 6 月 29 日商讨基础结构细节

2017 年 8 月 8 日进行基础施工

2017 年 8 月 7 日进行基础施工

2017 年 10 月 9 日二层封顶

2017 年 10 月 26 日街道雏形初现

2017 年 12 月 27 日浇筑

2018 年 3 月 29 日屋面盖瓦完成

2018 年 3 月 29 日施工进行中

2018 年 3 月 29 日地面铺装

建设中的洞庭渔村 1

建设中的洞庭渔村 2

建设中的洞庭渔村 3

建设中的洞庭渔村 4

建设中的洞庭渔村 5

建设中的洞庭渔村 6

建设中的洞庭渔村 7

建设中的洞庭渔村 8

建设中的洞庭渔村 9

建设中的洞庭渔村 10

建设中的洞庭渔村 11

建设中的洞庭渔村 12

建设中的洞庭渔村 13

建设中的洞庭渔村 14

3 设计手记

洞庭渔村模型

3.1 来自乡村的设计

——采访“农道安哲”创始人、创意总监 王求安

“农道安哲”的介绍中有一句话，“事务所创立以来，因为对良好人居环境的向往，我们幸运地与众多乡土项目结缘”。请问，在与“绿十字”合作之前，您做过乡建项目吗？有哪些？大概什么规模？

王求安：我的建筑学习经历和很多职业建筑师不太一样，是以自学为主，并为此付出很多。因此，我在执业初期怀着“建造城市地标”的梦想。不过，由于一些机缘巧合，我首先接触的是乡建项目，其中以私人定制的豪宅项目为主。就私人住宅来讲，体量偏大且具有一定的挑战性。当前，乡村建筑尤其是村民自建房，往往陷入一种追求外表华丽、相互攀比而忽视居住体验的误区，这种建筑脱离了乡村文脉。因此我们在设计过程中会针对不同业主的需求，打造个性化的空间，确保房屋达到可居、可游、可望的状态，并与大自然和谐共处。

在几次项目实践后，我发现此类住宅项目在乡村中起到示范效果，并且对周边的村镇环境有一定影响——村镇整体的建筑风格正在悄然变化。这也与“绿十字”提倡的“重视前期示范性项目”的理念不谋而合。

此外，这类项目的建设令很多城市人口逐渐回归乡村。众所周知，当前很多乡村问题是城乡二元结构导致的。通过建造宜居、优质的住宅，城市人口回归乡村，可以说是另一种层面上的乡村振兴。

基于这些原因，我逐步投身于乡村建设。在与“绿十字”孙君老师结缘后，我们便开始整村的规划与设计工作。在启动阶段，我们遇到诸多挑战，推进阶段较为艰难，但在完成一个村子的设计之后，我们发现能够改变村庄的现状，这项工作意义十分重大，这令我们非常有成就感。

“农道安哲”早期作品：晴山居

“农道安哲”早期作品：荷香屋改造

目前，我们仍然以乡建为主。我认为，乡建项目主要涉及两个群体，一是普通村民，二是精英人士。我们希望未来在推进乡村整体设计的同时，继续开展定制住宅设计，吸引更多的城市人口回归乡村，实现真正的乡村振兴。

是什么机缘与“绿十字”达成合作？洞庭渔村项目是与“绿十字”合作的第一个项目吗？

王求安：“绿十字”的发起人孙君老师是一位艺术家，而我是一名学艺术出身的建筑师，我们有一些共同的朋友。后来，我听了孙老师的一些讲座，意识到建筑师可以通过乡建项目来帮助很多人切实地提高生活品质，我对乡建项目逐渐产生了兴趣。于是，我们开始合作，洞庭渔村项目是第一个合作项目，之后有几个河北阜平的项目几乎同时启动。相信未来将有更多的合作项目，让我们在孙老师的带领下，一同打造中国的美丽乡村。

您是湖南人，之前对常德、洞庭湖有多少了解？

王求安：虽然我是湖南人，但接手此项目之前我对常德和洞庭湖地区的了解并不多。和其他很多项目一样，我们在接受委托之后会对项目区域进行深入调研，以充分了解项目的设计条件等。第一次踏入西湖管理区时，我惊讶于湖南还有如此大面积的平原，这也是我对西湖管理区的第一印象。

洞庭渔村从渔场演变为村，管理区管委会—村支两委—村民，哪个方面最打动您，从而让您承接这个项目？

王求安：洞庭渔村的地理位置和交通状况对于一个总部位于北京的事务所来说不十分理想，我们需要耗费大量时间往返于项目场地与办公室之间。真正打动我的原因主要是管理区中这些积极务实、真心为村民服务的区委领导。令我印象最深刻的一件事是在我第一次去西湖管理区时，负责接站的司机在路上与我聊起管理区领导对建设“区域中心农业公园”的梦想。当时，我感受到管理区中每一位成员对管理区建设有着主人翁意识，并且深刻理解管理区建设的意义。这使我相信，建设“农业公园”不仅仅是一个梦想，更是一张在不久的将来可以实现的美好蓝图，那么这个项目一定会取得成功。因此，我决定承接这个项目，努力打造一个示范型的乡村。

半个月拿出初稿，“对于西湖的项目，一直处于很兴奋的状态当中”，您觉得自己的信心来自哪里？

王求安：在我们进驻之前，当地设计院已提出一套设计方案。设计稿采用常规的阵列式洋房布局，对此我们持有保留态度。我们认为，在一个自然条件如此优越的美丽湖乡，加之有着深厚梅山文化底蕴以及军垦文化背景，乡村设计应在此基础上进行调研与展开。

我们一直处于兴奋状态，是因为这个片区是一个新村的整体建设。我们有幸参与并见证了一个村子从无到有的过程。同时，我们的乡村研究已持续多年，面对这样一个约束条件较少、设计较为开放的项目，有机会将研究成果落地实施，着实令人兴奋。另外，在设计建造的全过程中，我们对村子的未来展开无限的畅想，并始终保持热情。

项目总体是老区改造与新村建设，目前看到的方案仅仅是新区，那么方案有整体规划吗？二期改造的部分计划什么时候？新区设计时，是否同时考虑到如何与二期改造协调？

王求安：这两部分在整体规划下分别进行，在整体规划时已经考虑到两者的关系。目前，老区改造即将启动。相对于新区建造，老区侧重于保留农场记忆，改善村民现有的居住环境与生活条件。新建区域则力求营造一个传统村庄，令村民回归更自然的村落生活。两片区域的侧重点各有不同，但统一于一个整体规划之中。

洞庭渔村是个移民村，对于梅山文化、渔村特色，在设计中是通过什么来体现的？有哪些突出的元素？

王求安：西湖管理区的村民大多是从新化县、安化县等梅山地区搬迁而来，规划设计尽量尊重并体现梅山文化。通过多次调研，我们了解到，梅山地区的村庄大致为两种：一种是散落于山谷中的分散式民居；另一种是类似市镇规模的集中式村落。无论分散式村庄还是集中式村庄，作为一个集中安置村，洞庭渔村更偏向于集中式村落。因此，规划设计中突出了该类村落民居高低错落、街道蜿蜒曲折的特点。

在建筑风格上，不拘泥于传统建筑的结构符号，如穿斗式的梁板结构等，尽量在现代化的建筑语境中用符号化的手法打造乡村建筑。这样的手法更加关注建筑的空间感受，从建筑本质上回应梅山文化，而非打造过分流于表象的复古建筑。

除了效果图，这个项目还做了很多模型。为什么想到做模型？模型是为了

向村民说明设计方案吗？效果如何？

王求安：制作模型是“农道安哲”的主要工作模式，是一个重要的研究手段。相较于效果图，制作模型，虽然工作量大增，但我们可以更加直观、真实地了解项目落地时的真正状态。在洞庭渔村项目中，我们制作了大量模型，进行空间推敲与乡村布局研究，因为建造村庄是一件严肃而神圣的事情。村庄一旦形成，将在很长时间内保持不变，村中居民甚至世世代代居住于此。

于村庄而言，我们对两三百年前的古老村庄更感兴趣，因为这些村庄的布局更加美丽。但是，这些村庄往往没有现代建筑师与规划师的参与，而是能工巧匠与乡绅共同完成的作品。从古至今，村庄在其布局及形态美学上有一定的标准，对现代村庄的规划设计具有十分重要的意义。因此，在规划设计中，利用模型进行大量的布局与形态的推敲。正如前面所说，村庄于村民意义重大，而我们的工作与努力也很有意义。

另一方面，模型为村民了解整个项目提供了便利。事实上，大部分村民的读图能力比较有限，为了让他们清楚地理解空间布局，模型是一个很好的沟通工具。村民可以直观看到当地真实的村落布局。这有利于我们之间的沟通，也让村民对未来村子的建设及自己的生活更有信心。

三种户型都有半层设计，其实与原本乡村的建设风格有不小的差异，设计时出于什么考虑？又怎么让领导和村民接受呢？

王求安：这三种户型与半层设计都是为了让村落空间更加丰富，营造高低错落的传统村落形态，但在实际操作中，确实遇到一些问题。一些村民受到“风水”观念的影响，抗拒左侧或右侧的邻居房屋高出自家房屋，这也是目前国内的安置村多为阵列式军营布局的原因。基于此，我们希望打造一个错落有致的自然山水乡村。为了解决这一矛盾，我们在每一户的设计中添加了半层设计，以避免整个村落高度一致而造成呆板。同时，设计了三种户型——方形、长条纵向及长条横向，以满足不同地块的建筑需求。我们运用这样的手法，营造高低错落、蜿蜒曲折的村落形态。这种设计是我们对建设自然生长、空间丰富的村落的一种创新尝试。

新村是集中居住区，除了村部，是否单独设置旅游服务、餐饮商铺等公共建筑？广场、运动场地、道路、景观等是如何考虑的？

王求安：我们希望打造一个纯粹的村庄，并没有刻意地融入旅游功能。刻意添加旅游元素的村庄往往不能真正吸引游客，达到发展旅游业的目的。广场、运动场地、道路、景观等在规划设计时便有所考虑，并且在铺装、形式等方面融入很多梅山元素。

在景观方面，优先种植当地植物，绿化以菜园为主。在新村规划中，每一户分到一定面积的绿化用地，用来种植蔬菜等。在满足村民家庭需求的同时，达到新村绿化效果，是一种村民自行绿化设计的手段，很好地彰显出梅山地区的景观特色。

一期 3000 万元投资，有 2000 万元需群众自筹，平均每套房子 30 万元，那么，从设计师的角度如何考虑降低造价和满足村民实际需求呢？

王求安：这个项目是一个村民自建安置房项目，政府只负担基础设施建设和整体设计费，其余建筑的建造与装修费用均需村民出资。因此，如何降低造价是项目的一大重点。2017 至 2018 年，建筑材料物价飞涨，我们将房屋的造价控制在 900 元 / 平方米左右，相较于常规的农村自建房，造价并不算高。在常规自建房中，村民往往过多地在项目上耗费时间，造成高昂的误工成本。我们采用统一购买建材、统一施工建设的手段，在省去村民误工成本的同时，也争取到相对合理的价格，实现成本最优化。

洞庭渔村模型

新区目前完成情况怎样？计划何时全部完工？是否能如期完成？

王求安：目前村庄建筑部分的主体部分与景观部分已基本完工。

洞庭渔村项目是用“绿十字”乡建理论建设美丽乡村的第一次尝试。俗话说“万事开头难”，项目推进过程中遇到了前所未有的困难，而有些困难是设计师无法左右的。那么，作为设计师，您认为项目推进过程中最大的困难是什么？与您做过的其他乡村项目相比，最大的不同或感受最深的是什么？

王求安：“绿十字”的乡建理念是“把农村建设得更像农村”。在设计中以村民为主体，依靠村干部等进行乡村工作。在集中安置村项目中，我认为，最大的困难是统一村民的思想，获得村民的信任。同时，洞庭渔村相较于其他项目，最大的不同是需要村民自筹款进行建设，这无疑增加了取得村民认可的难度。

面对这样的难题，我们首先进行大量村民工作，采用统一设计、统一施工、统一管理房屋分配的推进模式。我认为，这个模式是项目取得成功的关键因素之一。

第一次进驻这里时，我们发现统一村民的思想这项工作颇具挑战性。村民对于自宅的意愿千差万别，对规模和风格的需求各不相同。我们花费了一年时间进行村民工作，带领村民考察全国各地的美丽乡村项目，开设村民讲堂等，取得了较好的成果。

在设计阶段，我们对村庄进行统一的设计。由于前期工作比较完善，村民对规划设计的接受度大大提升，最终得到大家的认同，这是项目进程中很艰难的一个阶段。

另外，村民自建区往往存在比较大的问题，即由于涉及的村民数量较多，每户的施工进展不一样，导致在相当长的一段时间内，这片区域都是工地。为了避免这一问题，我们为村民推荐了一支施工队，并且尽量降低造价，以说服村民进行统一的施工建设。

最后，也最重要的一点，我们对房屋分配进行统一的管理。在建设阶段，村民按照工期缴纳建设费用，但在完工后才可以通过抽签的形式进行房屋的统一分配。这有利于确保项目施工顺利进行，避免因人为因素而导致停工的现象，保证项目如期交付。当然，这一点很大程度上得益于前期的工作赢得了村民的信任。

得益于这种创新的项目推进模式，项目推进过程较为顺利，实现了预期的目标，并且在村民中反响很好。

洞庭渔村中的民居样式模型

洞庭渔村中蜿蜒的道路是对梅山文化的回应

设计团队

3.2 洞庭渔村施工感悟与记录

——雷勇

洞庭渔村建筑方案由“农道安哲”设计，造型独特美观，共计 58 户房屋，2017 年 7 月 16 日，房屋基础开挖，开始施工，房屋材料由老百姓统一购买，58 户业主推选的建房代表成为理事会成员，负责市场询价。因为材料需求量大，所以价格相对便宜，降低了工程造价。

此房屋宅基地由政府统一规划、统一办理，村内的基础设施、景观及配套设施由政府统一规划设计，建造房屋的费用由村民自掏腰包。西湖当地基础地质较软，是回填的淤泥，持力层在地下 9~12 米之间，两层半的房屋也需要打桩。如果采用预制管桩，造价太高，且房屋楼层较矮，因此最后采用水泥粉喷桩，造价只有预制管桩的三分之一。每户约 80 根桩，设置承台及条形基础，房屋结构为砖混结构，且房屋分为三种标准户型，五个异型户。原有设计一层层高 3.3 米，二层层高 3 米；在施工过程中，应村民要求，一层层高 3.5 米，二层层高 3.15 米。

此房屋设计为联排独栋，屋面采用斜屋面，坡度为 25 度，大于常规坡度，且挑檐及天井檐口较为复杂，施工装模板较复杂，一个现浇板屋面需要分三次支模并且浇筑，然后再砌筑屋脊、砌筑墙体、封第三次屋顶；斜屋面易耗费模板、木方，且室内净空最高点达 6.9 米，相当于两层房子，支撑超高模板；两户房子并排连接，屋面坡度一致，现浇屋面连在一起，屋面檐口高度必须保持一条水平线上，对工艺要求很高，以确保整个屋面造型具有美感。

湖南西湖气候比较潮湿，且北风比较多，建筑北面墙必须做防水。根据当地建设局及当地建房的技术经验，外墙粉刷时添加防水剂，然后在粉刷面喷射防水剂，实现双层防水保护，屋面用防水砂浆找平防水，墙边防水卷材二次处理，细节处微处理。盖瓦屋面，涵盖多种样式的配件瓦，当地基本没用过，涉及脊瓦、边瓦、沟瓦、封脊头，屋脊三等配件，屋面定瓦条及檐口安装封檐板，沿袭于仿古建筑与现代建筑相结合的建筑风格，相当于联排别墅。在修建房屋的过程中会遇到各种各样的问题。村民在施工过程中，进入施工现场，观看自家房屋，叮嘱工人师傅注意安全，陪设计师走访市场，把控材料质量及标准。目前，房屋已入主体完工阶段，村民及乡政府都很满意，希望早日建成房屋，老百姓早日住上新房。

“不道安哲”建筑师在施工现场

3.3 洞庭渔村驻场设计感悟

—— 王坤鹏

洞庭渔村位于常德市西湖管理区西周乡，该项目作为西湖管理区全域、建设国家农业公园重点项目。项目采用统一设计、统一建设、统一管理的模式推进。规划设计充分体现梅山文化和渔村特色。村落布局与自然环境相融合，丰富建筑及环境的绿化空间，让人们回归自然的生活状态，营造高质量的生态环境，让建筑与大自然融为一体，使人们享受大自然中的美好。

我认为，最纯粹的设计一定源自最纯粹的设计初衷。每个村落因所在地区不同，因而民俗文化、村民生活习惯也不尽相同，设计师做设计不能仅凭自己的主观思维，而应该心系村民，只有让村民们住得舒适、舒心才是最大的成功。有了群众的支持，项目进展会更加顺畅。在驻场的这几个月里，我不仅见证了图纸变成建筑的过程，也对项目的落地实施形成了直观的了解。在实际施工过程中，很多细节是图纸不能完整表达的，或者施工中的误差导致项目实际情况与图纸不符，这些问题都需要妥善地解决。比如，最初设计洞庭渔村的时候没有预留空调外挂机的位置，导致建筑立面上有很多空调外挂机及管线，尽管这是个小遗漏，但影响到整个立面的完整性。建筑由一个个小部件组合而成，我们要把每个小部件做到细致、精益求精，不敢说我们的设计是最好的，但肯定是最用心的。同时，我们主动了解工人师傅的施工方法，然后提出建议，不懂就问，不会就学。设计是一个不断学习、不断进步的过程，每一次工地现场的经验都是宝贵的财富。把不明白的地方统统解决，建筑盖好了，才能不虚此行。工地现场是实现设计的最佳试验场。

走出圈内，开阔视野，活到老，学到老，设计要懂得超越，也要懂得回归。时刻保持初学者的心态，不耻下问，善于交流，在实践中成长。知识与实践相结合，不做“眼高手低”的设计师，发扬实干精神，点石成金。这是我在驻场期间获得的感悟，与大家分享。

3.4 洞庭渔村建设前期驻场感悟

——王凯

洞庭渔村项目位于常德西湖管理区西洲乡渔场，是西湖区发展全域旅游、建设国家农业公园的重点项目。项目采用统一设计、统一建设、统一管理的模式，充分体现梅山文化和渔村特色，村落布局与自然环境相协调，建筑为新中式建筑风格。

在驻场的几个月里，我不仅见证了建筑从图纸变成房子的全过程，也对一个项目背后的复杂运作流程有了直观的了解：建筑师只有与甲方各部门、施工队密切协作，才能盖出好房子，进而达到理想的设计效果。在洞庭渔村设计和建设过程中，我们积极听取并采纳村民的建议，这使得项目得到广大群众的支持，从而顺利实施。

在这个过程中，我学到很多有关建筑的知识以及现场处理问题的方法。洞庭渔村建设最大的难点是屋顶与屋顶的交接和处理，这也是该设计的一大亮点。相邻两户的屋顶或多或少由共面相接，同一户的二三层屋顶以及阳台屋面均体现共面相接和平行延伸的关系。因此，该设计的屋面效果是层层叠叠，高低错落，有独特的韵律关系和秩序美。这就要求屋顶高度必须十分精确，包括屋脊高度和位置，檐口高度和位置，以及屋檐出挑距离，均应按照相同的原则，当然屋面坡度也必须保证一致，否则一个地方出现问题，很可能牵涉到相邻好几户屋面。如果不做出调整，那么损失将是巨大的。基于此，在建设期间，我对每栋房子、每户屋面的设计反复检查，然而即便这样，在实际施工过程中还会出现一些小问题，主要是因为施工图和效果图略有差别造成的。不过，由于施工方及时反映问题并与设计方对接沟通，问题得到顺利解决，施工得以顺利进行。整体坡屋面的施工并没有运用特别复杂的施工技术，而是在技术含量相对不高的施工情况下，通过各个环节的精准控制，进行了比较令人满意的施工工程。

在建造过程中，我深刻体会到建筑的成功落地离不开建筑师、结构师、甲方和施工方紧密、高效的配合。在这里感谢为洞庭渔村建设付出努力的团体和个人。

3.5 洞庭渔村景观施工负责人设计感悟

——张铁梅

我是梅山文化的传承人，有幸走进洞庭渔村贡献一分力量，成为建设者之一而倍感荣幸。

“农道安哲”王求安老师是我最喜欢的设计师，他的作品亲切而朴实，特别是景观与绿化这片天地，以“节能环保”为主题，采用农村废弃物为景点，大胆而不修饰，充满大自然的气息，让我很受感触，“废弃之物”原来可以变得这么美丽。特别是绿化这部分，王老师跟其他设计师更为不同，别人采用的是“把农村建设得像城市”，而王老师和“绿十字”却反其道而行之，“把农村建设得更像农村”，以大自然为主题，一切植物为原生态为主，让自然之美超越人工雕塑之美，“节能”与“原生态”是王老师的设计精华。我认为这是所有设计师学习的榜样。

洞庭渔村是我们西湖人的梦想，凝聚了本届区委领导的心血。我作为渔村景观的建设者，在施工过程中确实遇到了很多的难题，我们欢天喜地迈进渔村施工，“开场白”却是：渔村群众“提鸡”找上门要我们赔钱。经过了解，原来是我们的施工人员把建筑涂料喷到了群众的鸡舍，让鸡生命垂危，在西洲乡政府孟宪辉乡长与渔村村支书刘移龙的协调下，渔村群众最终接受我们的道歉，没有把事情恶化。第一步就让我深深体会村干部的力量十分重要。

欢天喜地的心情被“鸡”搅乱，画了顿号，接踵而来的是湖里的金鱼冒了泡，湖水不能抽，我有些头痛，怎么办呢？我与农户张先志协商，请他给予支持，把金鱼捞出来，结果他并不同意，真的让我灰心丧气，在无奈之下，我只好求助村领导。村里也做了很多的思想工作，可就是行不通。最后孟宪辉乡长与刘移龙支书向移民局及区领导汇报决定，强制放水捞鱼，孟乡长命令我大胆抽水，他亲自带头抓鱼，速战速决，又一次让我感受敢于担当的村干部确实难寻。

困难一个个在解决，石头一个个被踢开，我十分高兴，认为一切都向好的方向发展，可以安心施工。我上足了劳力，大张旗鼓，却这里不能做，那里不能做，前面不能做，后面不能动，让我像泄了气的皮球，没劲了。好不容易解决了麻烦，却又产生了矛盾，“交叉施工”，第一期建设还在进行管道、线管施工，第二期房建塔吊高高在上，我们第三期开始施工。

我本想着偌大的空间任我行，现在却容不下我的一只脚，无法插足，想到遥遥无期的工期，内心满是苦闷。

在我泄气时，移民局代菊华、鲁由旺两位局长给我鼓励，区委书记龚霞波亲自来工地督导，催动前期工作，为我们开路腾空间，看到领导们这么关心施工进度，我的信心又回来了。

于是，在施工中我变成了一只快乐的蜜蜂，哪里能施工，我就飞哪里。可是偏偏天公不作美，在本应晴空万里的节气中频繁下雨，让人深感烦闷，全工地只有木工天天在室内工作，我带的队伍依然像蜜蜂勤勤恳恳，抢小雨躲大雨，保证施工进度。王求安老师一天一个电话，对施工情况十分关注，老师的执着、认真，感动着我们。王老师在现场随时关注，做到哪个环节他都以最优化的思维更新，怎样最完善就怎样做，不停地与我们讨论，并时时征询我们的建议，从来没有以设计师身份自居，那种谦虚和赤诚令我们佩服，这种跟踪服务也十分难得。

渔村在区委与移民局的关心支持下，迅速推展开，大小会议开了二十几次，难题一个个得到解决落实。我们的区委书记龚霞波亲临现场指导工作无数次，全心全意支持、关注、鼓励着我们，让我们信心满满，鼓足劲加班加点往前冲，我们快乐地工作着，幸福洋溢在脸上，立志要把渔村建成“示范村”，为渔村添彩，为设计争光，为自己留个美好的念想！

给渔村、给领导、给设计老师交一份满意的答卷！

4 技术指标及大事记

洞庭渔村设计模型

4.1 大事记

2015 年 7 月 10 日

首次项目地考察

2015 年 10 月 14 日

完成方案概念设计

2015 年 10 月 28 日

第一次方案汇报

2015 年 11 月 27 日

首次向村民介绍方案

2015 年 11 月 28 日

第二次方案汇报

2016 年 01 月 03 日

西洲乡村干部与村民代表

浏阳考察学习

2016 年 3 月
西湖区区委领导、乡镇干部考察郝堂村、桃源村、三瓜公社

2016 年 5 月 21 日
村部美丽乡村学习会议

2016 年 8 月 28 日
邀请孙君、廖星臣、赵宪尧等专家前往现场指导

2016 年 9 月 28 日
道路管网基础设施施工协调会

2016 年 10 月 21 日
组织村民、村干部到半汤考察学习

2017 年 3 月
村部封顶

2017年3月
与村民举行民居施工前的最后一次会议

2017年3月
民居开始施工

2018年7月
民居主体建筑施工完毕
交给村民自主完成内部装修

2018年10月3日
景观工程进场施工

2018年12月18日
村内第一家餐馆开始营业

2019年1月
精彩进行中

4.2 造价表

洞庭渔村小区建房从2016年至2018年9月18日截止，收支财务账目及58栋住房总平方数按总建房开支成本为每个平方米为920元，应收款汇总：

（1）总计收入：16 634 232元

（2）小区建房开支成本：19 473 844元

（3）小区58栋房屋总平方米数：21 166.68平方米

（4）小区58栋房屋每平方米估算成本为：920元

（5）收入来源：

① 2016年9月20日至2018年9月18日止，58个农户分六次开票共交现金款：15 680 917元

② 41个农户开红砖票抵交款：911 983元

③小区统一购各种建房材料扫尾剩余处理收入款：41 332元

（6）小区建房材料总成本开支：

① 2016年至2018年9月18日止，小区建房各种材料开支款：15 531 058元

② 41个农户开红砖成本款：911 983元

③段政文承包58栋房屋施工总建筑面积：21 166.68平方米 ×350元/平方米 = 7 408 338元，减已付工资4 900 000元，还应付工资：2 508 338元

④张海东承包58栋房屋窗户安装，推拉窗：2522.91平方米 ×270元/平方米（合计：681 185.7元），平开窗754个 ×320元/个（合计：241 280元）。（另还有10个窗户因未安装、第33号楼有两个窗户已安装但因位置太高未测量，数据均还未计算纳入总面积）暂估算合计应付款922 465元，减已付借支工程款400 000元，还应付工程款：522 465元。最后以实际测量数据结算为准。

洞庭渔村小区集中安置建房理事会从2016年至2018年9月18日截止登记各种材料开支分类汇总：16 443 041元。

（1）付李小平承包打桩 4725 根、水泥 2718.5 吨，包干开支款：1 480 592 元

（2）付购红砖款及运费（各农户个人开票红砖 2 605 667 块，统一购红砖 1 758 800 块，合计：4 364 467 块）

开支款：740 716 元

（3）付购黄沙 5035.5 吨、黑沙 2857.55 吨、砾石 812.45 吨及运费、转土、试压等

开支款：1 106 284 元

（4）付购水泥 1509 吨、白水泥 2 吨、石灰王 350 包、防潮粉 96 包

开支款：677 465 元

（5）付购各种规格钢筋约 545.9241 吨

开支款：2 431 162 元

（6）付购商品混凝土 7315.5 立方米

开支款：2 283 705 元

（7）付购黄黑土填屋基

开支款：36 722 元

（8）付购安装到户电线 400 卷及配电箱等配件

开支款：61 450 元

（9）付购安装邓权管道到户

开支款：135 236 元

（10）付购安装外墙瓷砖

开支款：340 990 元

（11）付购刷外墙瓷砖砖胶

开支款：41 679 元

（12）付购刷外墙漆等

开支款：205 510 元

（13）付购安装防腐木及挂瓦条

开支款：267 872 元

（14）付购盖青瓦 184 200 块家瓦、边瓦等配件

开支款：369 333 元

（15）付段政文承包施工借支工程款

合计：4 900 000 元

（16）付购塑料薄膜、扎丝、各种圆钉及配件相关

开支款：50 542 元

（17）付张海东承包安装铝合金工程

借支款：400 000 元

（18）付理事会值班室空调处理

应付款：1800 元

（19）应付 41 个农户交红砖票款进入建房成本

开支款：911 983 元

总计开支：16 443 041 元

洞庭渔村小区建房户个人开票购红砖数量及各司机实运红砖到工地收砖数统计表

（制表日期：2018 年 8 月 20 日）

司机	开砖户主	砖数（块）	收砖数（块）								合计车数
张铁峰	李民权	7 万	7000	8000	7000	7000	7000	7000	7000	7000	10 车
			7000	6000	—	—	—	—	—	—	
袁平	张人厚	6 万	8000	8000	8000	8000	7000	7000	7000	7000	8 车
吴成德	胡子健	7 万	8000	8000	8000	8000	6000	8000	8000	8000	9 车
			8000	—	—	—	—	—	—	—	
阳锡中	李秋花	5 万	7500	7500	7000	7000	7000	7000	7000	—	7 车
邓礼兴	戴益平 6.6667 万	17.6667 万	5000	5000	5000	5000	5000	6000	6000	5000	34 车
			5000	5000	5000	5000	5000	5000	5000	5000	
	魏移民 11 万		5000	5000	5000	5000	5000	5000	5000	5000	
			5000	5000	5000	5000	5000	5000	5000	7000	
			7000	5700	—	—	—	—	—	—	
邓中卫	梁健 5 万	16 万	7000	7000	7000	7000	7000	7000	7000	7000	23 车
	张生华 6 万		7000	5000	7000	6000	6000	8000	7000	8000	
	姜彩虹 5 万		7000	6000	7000	8000	7000	7000	8000	—	
朱高洲	李移花 9.5 万	24 万	6000	7000	7000	7000	7000	7000	7000	7000	35 车
			7000	7000	7000	7000	7000	7000	7000	7000	
	曾庆桂 7.5 万		7000	7000	7000	6000	7000	7000	7000	7000	
			7000	7000	7000	7000	7000	7000	7000	7000	
	刘宏 7 万		7000	4000	7000	—	—	—	—	—	
艾付兵	杨军 5.6 万	30.6 万	8000	6000	6000	8000	6000	8000	6000	6000	46 车
			8000	6000	8000	8000	6000	6000	8000	6000	
	李习光三兄弟 20 万		8000	6000	6000	6000	6000	6000	6000	6000	
			8000	6000	6000	6000	6000	8000	6000	6000	
	夏和平 5 万		6000	6000	8000	6000	6000	6000	8000	8000	
			6000	8000	8000	2000	8000	8000	—	—	
饶湖林	张怡民 5 万	农户 56 万，另付实砖 2.38 万	6000	6000	6000	2000	6000	2000	6000	2000	105 车
	李丛生 6 万		6000	6000	6000	6000	2000	2000	6000	6000	
	杨吉星 5 万		6000	6000	6000	3000	6000	6000	3000	6000	
	杨春花 6 万		6000	6000	6000	6000	6000	6000	6000	6000	
	梁先海 6 万		6000	6000	6000	6000	6000	6000	6000	6000	
	刘青姿 6 万		6000	6000	6000	6000	6000	6000	6000	6000	
	刘承光 6 万		6000	6000	6000	6000	7000	7000	6000	6000	
			6000	6000	6000	6000	6000	7000	5000	6000	
	杨雪祥 5 万		6000	6000	6000	6000	6000	6000	6000	6000	
			6000	6000	6000	5000	6000	6000	6000	6000	
	刘新勇 6 万		5900	6000	6000	6000	5900	2000	6000	6000	
			6000	6000	2000	6000	2000	6000	6000	6000	
	张日新 5 万		8000	6000	3000	6000	6000	3000	3000	6000	
			6000	—	—	—	—	—	—	—	
何正华	刘倩 6 万	91.3 万	5630	6000	6000	6000	6000	6000	6000	6000	157 车
	夏小云 5 万		6000	6000	6000	6000	6000	6000	6000	6000	
	夏若森 8 万		6000	6000	6000	6000	6000	6000	6000	6000	
	刘石光 5.3 万		6000	6000	6000	6000	6000	6000	6000	6000	
	刘华 10 万		6000	6000	6000	6000	6000	6000	6000	6000	
	夏吉长 10 万		6000	7000	6000	6000	6000	6000	6000	6000	
	戴海军 6 万		6000	7000	6000	6000	7000	7000	5000	5000	
			6000	6000	6000	6000	6000	5000	6000	5000	
	夏新珍 6 万		6000	5000	6000	6000	5000	6000	5000	6000	
			6000	5000	6000	5000	5000	6000	5000	6000	
	李进军 6 万		6000	5000	6000	5000	6000	5000	6000	5000	
			6000	5000	6000	6000	5000	5000	6000	5000	
	夏倩倩 8 万		6000	5000	6000	6000	5000	6000	5000	6000	
			5000	6000	5000	6000	5000	6000	6000	5000	
	曾虹宇 6 万		6000	6000	6000	5000	6000	6000	6000	5000	
			6000	6000	5000	6000	5000	6000	6000	7000	
	夏新春 5 万		5000	5000	7000	5000	7000	5000	6000	6000	
	夏建雄 10 万		5000	5000	6000	5000	4374	6000	7000	6000	
			6000	6000	7000	6000	7000	7000	6000	6000	
			7000	6000	6000	7000	3000	—	—	—	
合计		262.9467 万	其中农户 260.5667 万，另付实砖 2.38 万								434 车

4.3 施工图纸

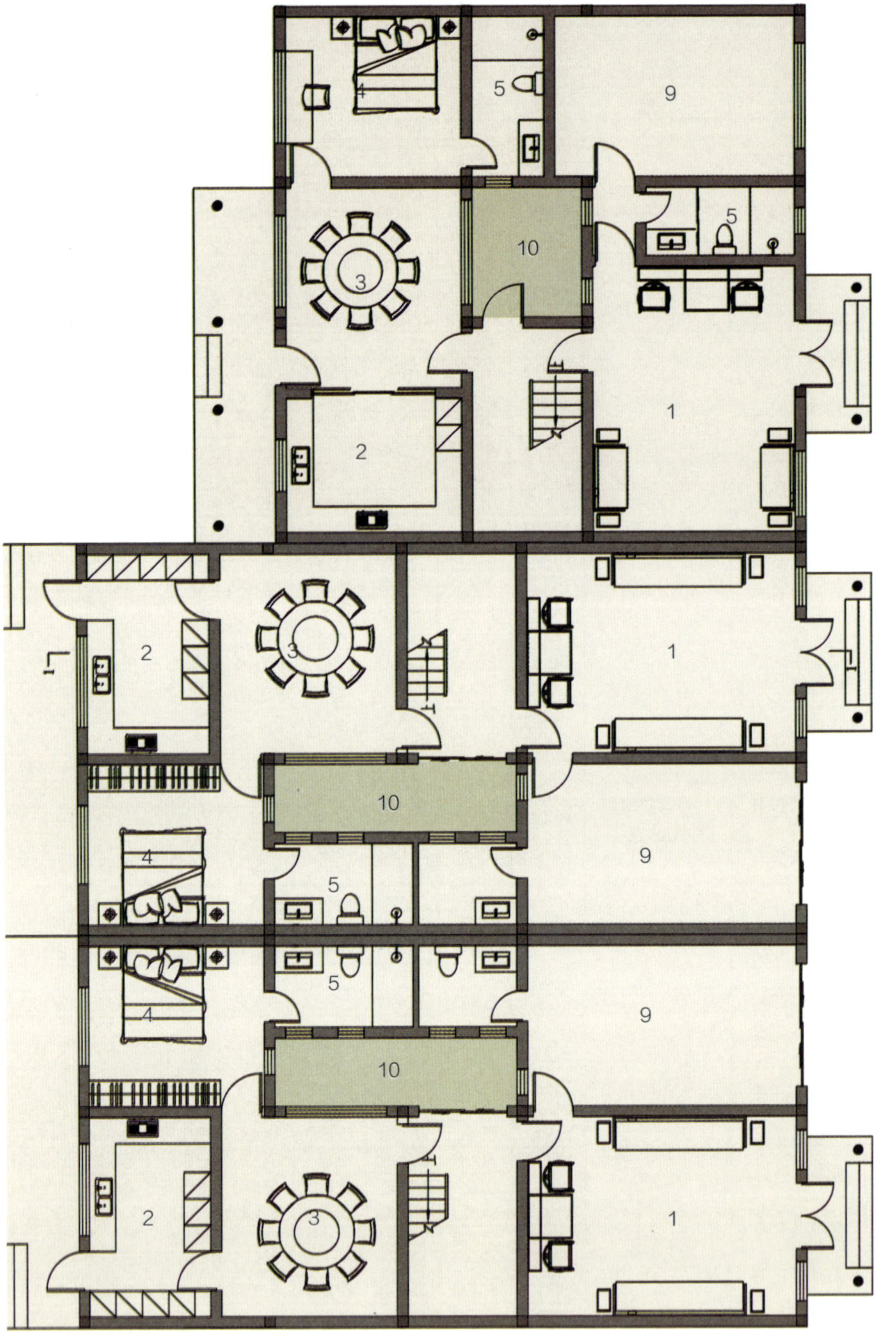

1. 堂屋
2. 厨房
3. 餐厅
4. 老人房
5. 卫生间
6. 客厅
7. 卧室
8. 书房
9. 杂物间 / 车库
10. 天井
11. 洗衣房
12. 储藏间

11 号楼一层平面图

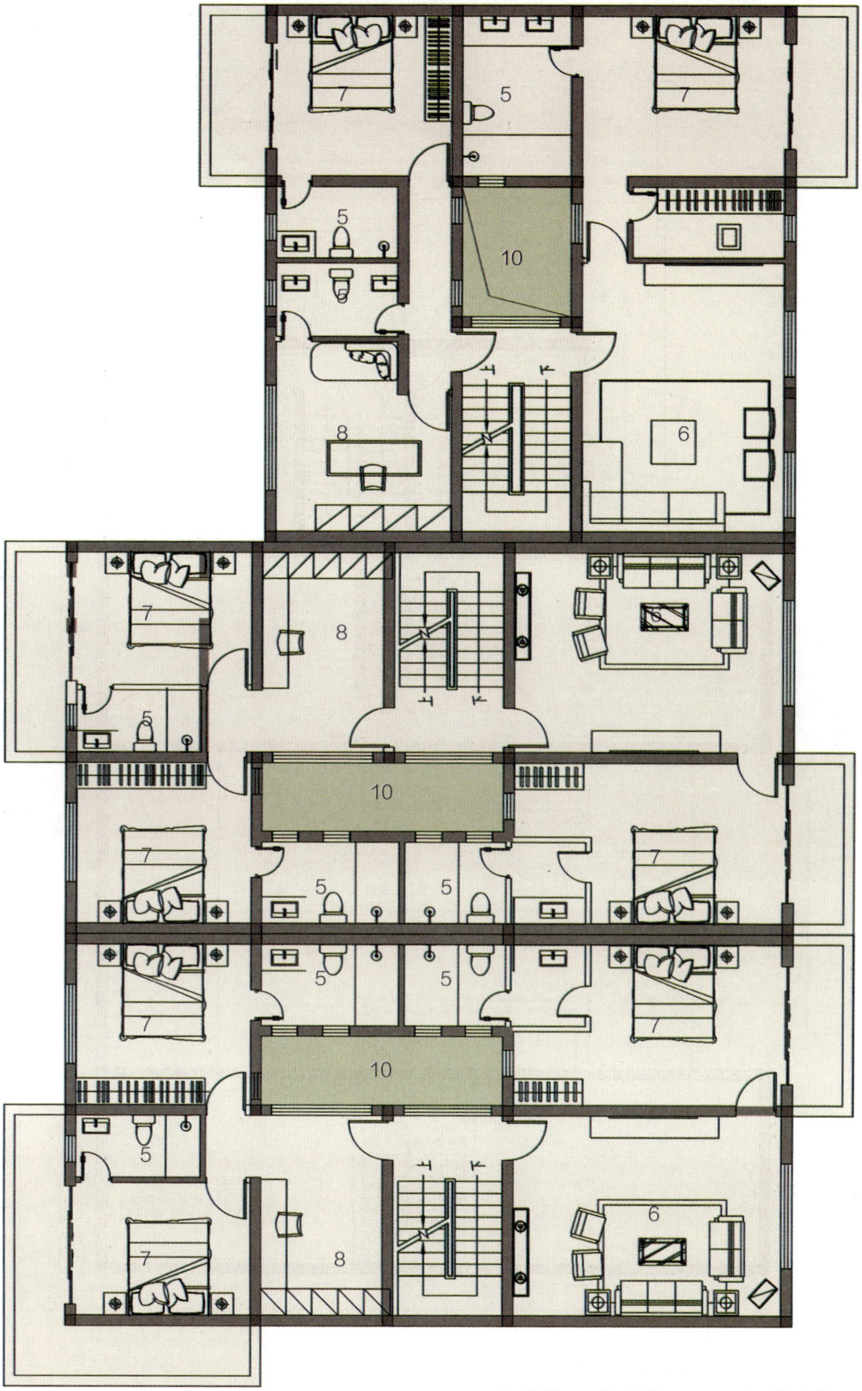

1. 堂屋　6. 客厅　11. 洗衣房
2. 厨房　7. 卧室　12. 储藏间
3. 餐厅　8. 书房
4. 老人房　9. 杂物间 / 车库
5. 卫生间　10. 天井

11 号楼二层平面图

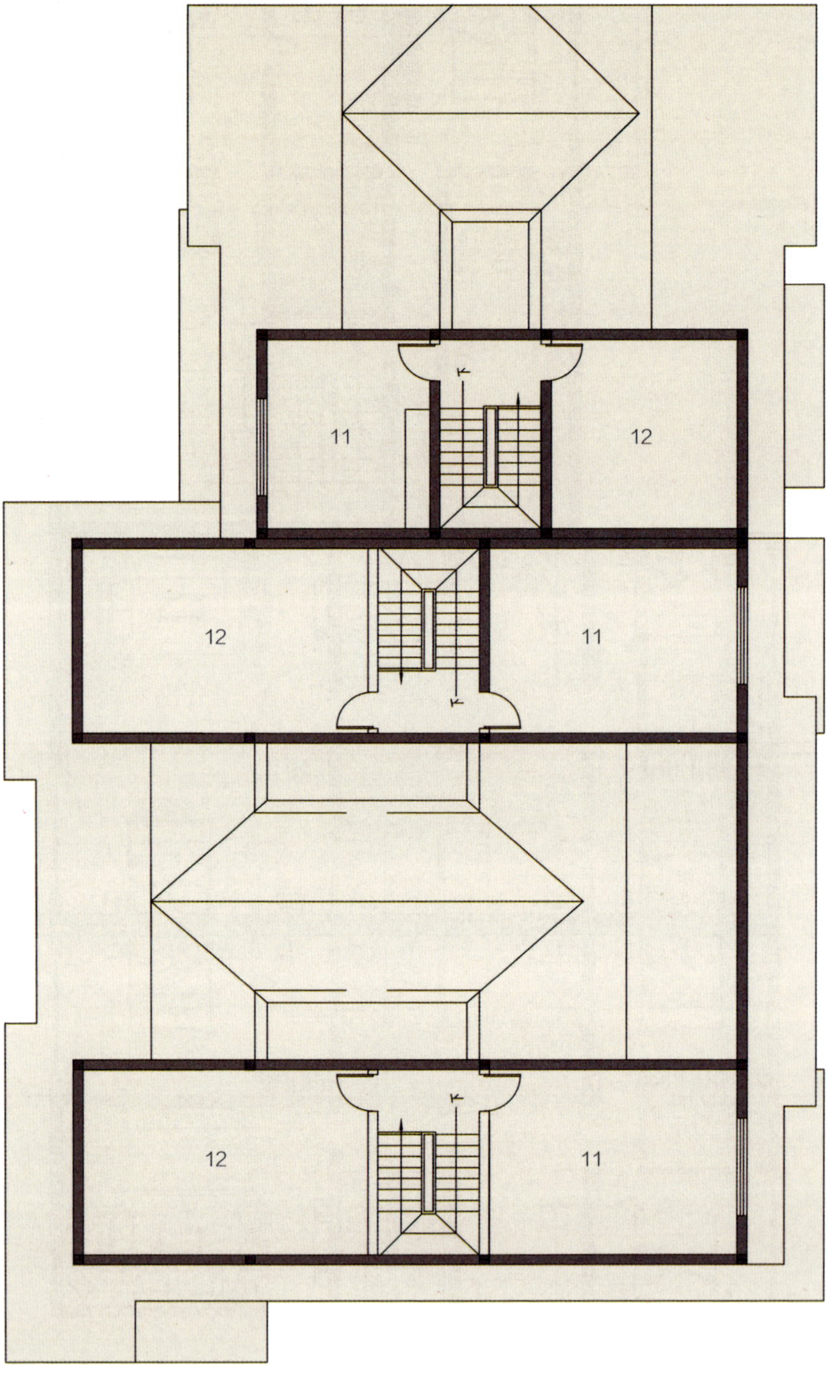

1. 堂屋　6. 客厅　11. 洗衣房
2. 厨房　7. 卧室　12. 储藏间
3. 餐厅　8. 书房
4. 老人房　9. 杂物间 / 车库
5. 卫生间　10. 天井

11 号楼三层平面图

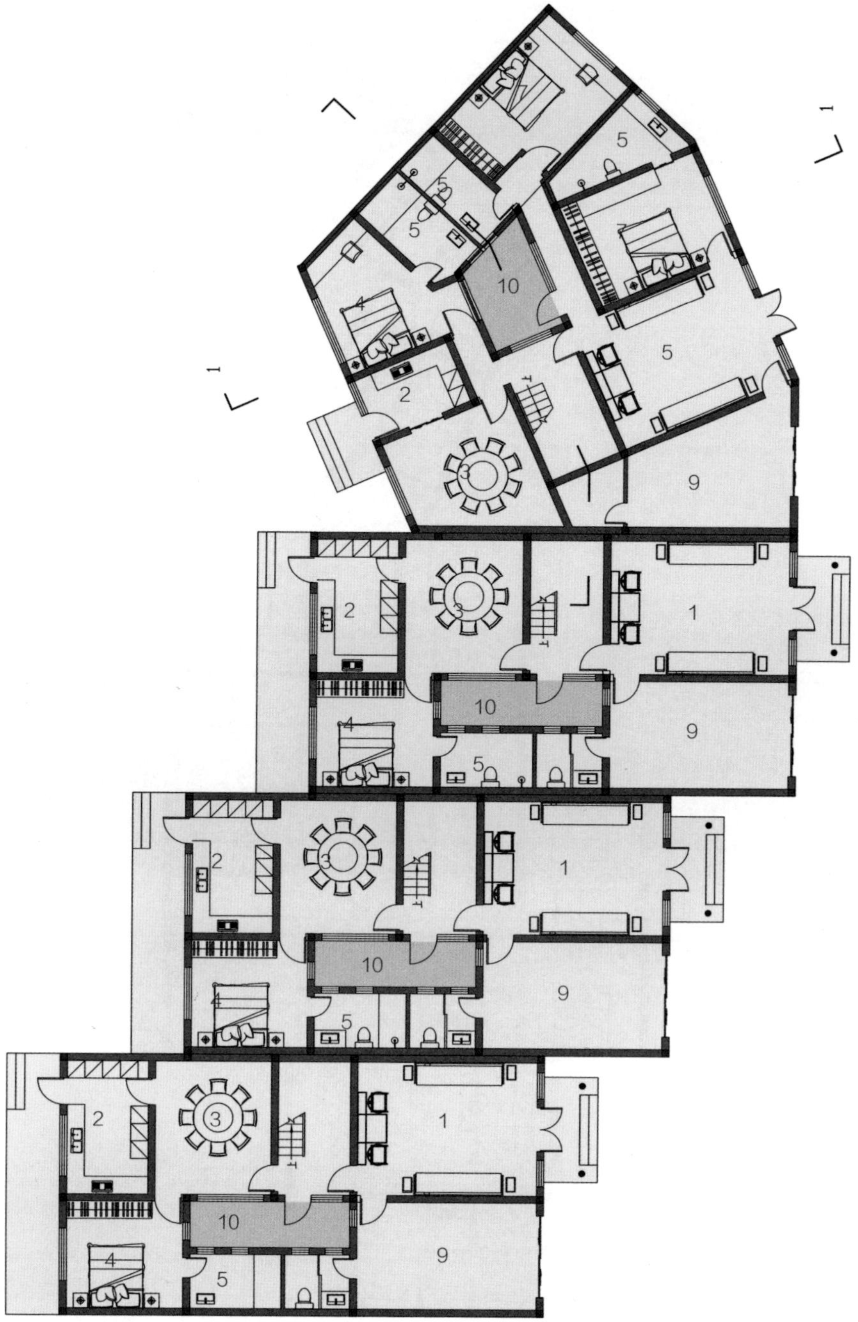

1. 堂屋
2. 厨房
3. 餐厅
4. 老人房
5. 卫生间
6. 客厅
7. 卧室
8. 书房
9. 杂物间 / 车库
10. 天井
11. 洗衣房
12. 储藏间

12 号楼一层平面图

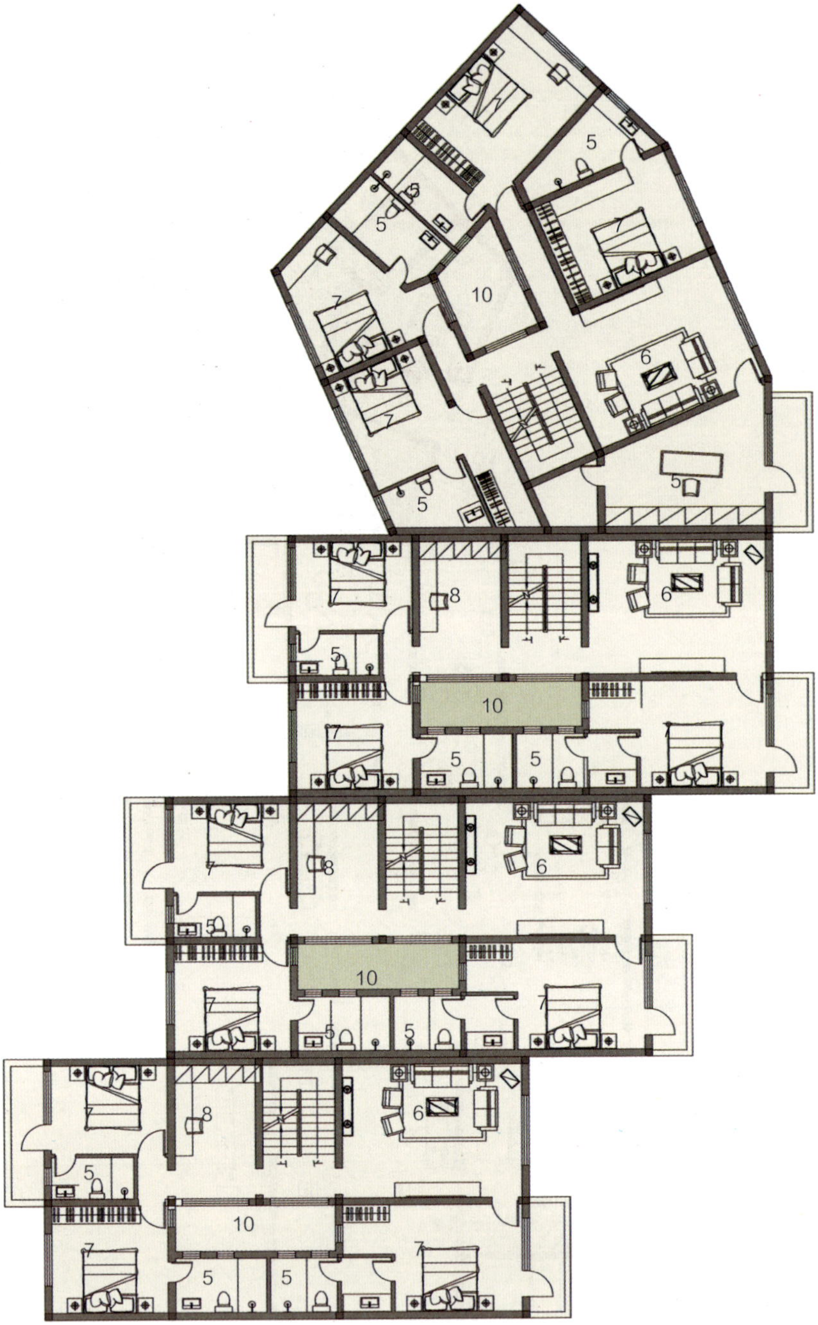

1. 堂屋　6. 客厅　11. 洗衣房
2. 厨房　7. 卧室　12. 储藏间
3. 餐厅　8. 书房
4. 老人房　9. 杂物间 / 车库
5. 卫生间　10. 天井

12 号楼二层平面图

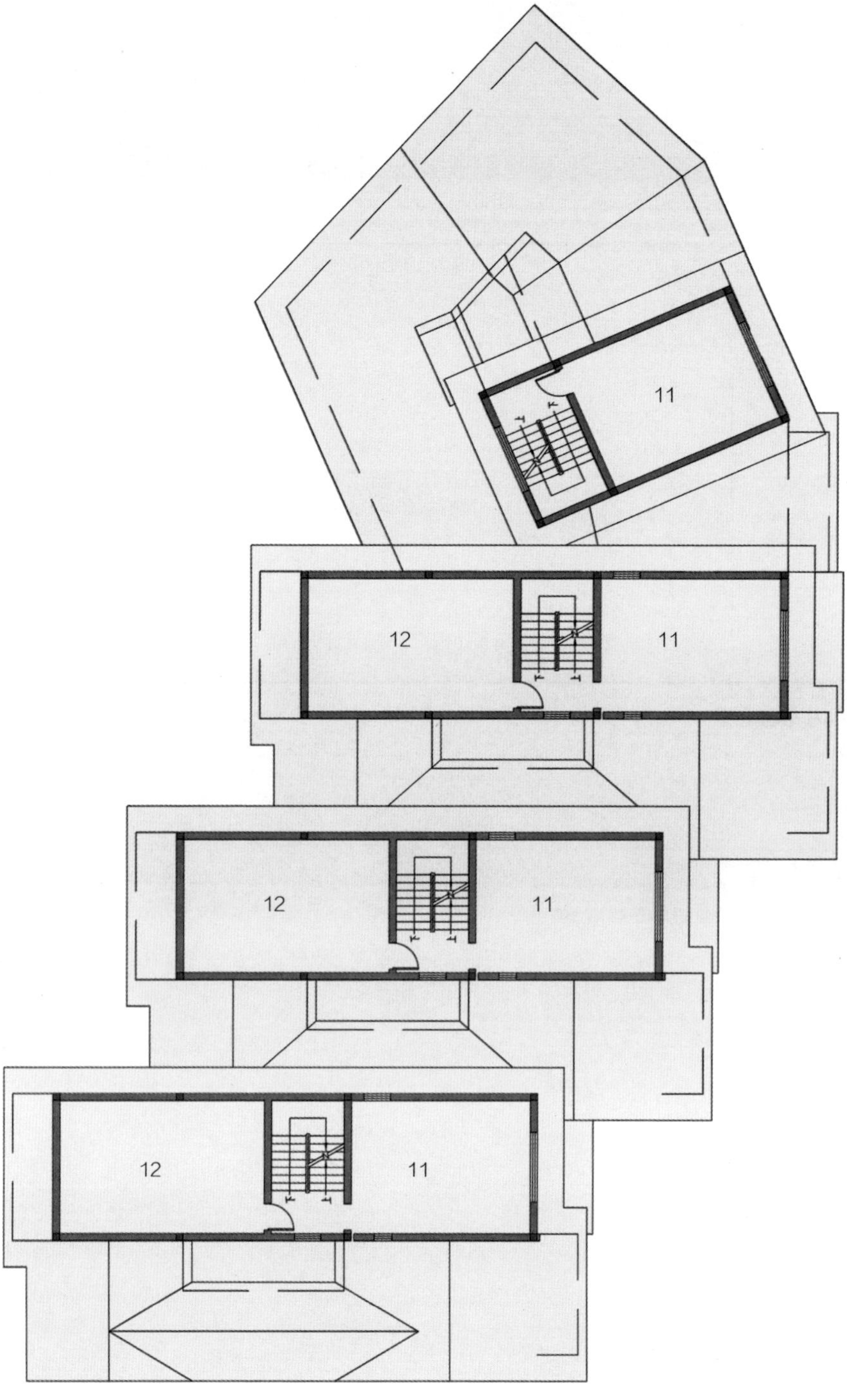

1. 堂屋
2. 厨房
3. 餐厅
4. 老人房
5. 卫生间
6. 客厅
7. 卧室
8. 书房
9. 杂物间 / 车库
10. 天井
11. 洗衣房
12. 储藏间

12 号楼三层平面图

11 号楼北立面图

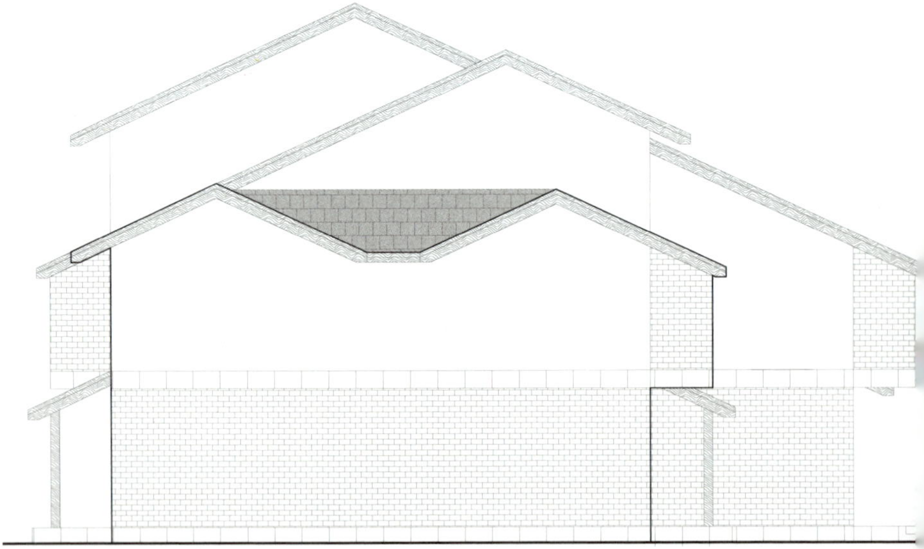

11 号楼东立面图

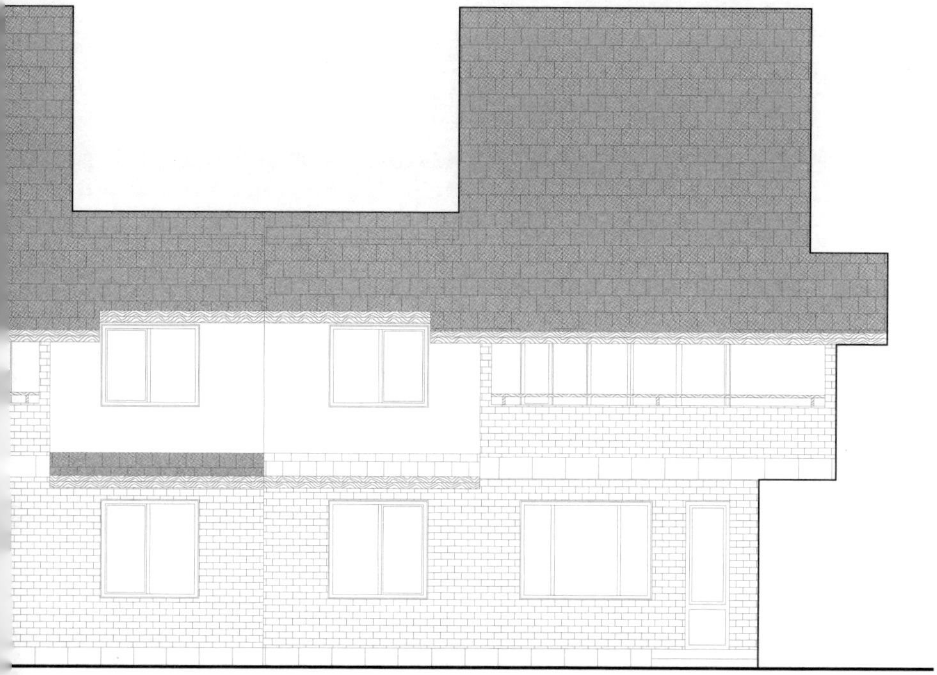

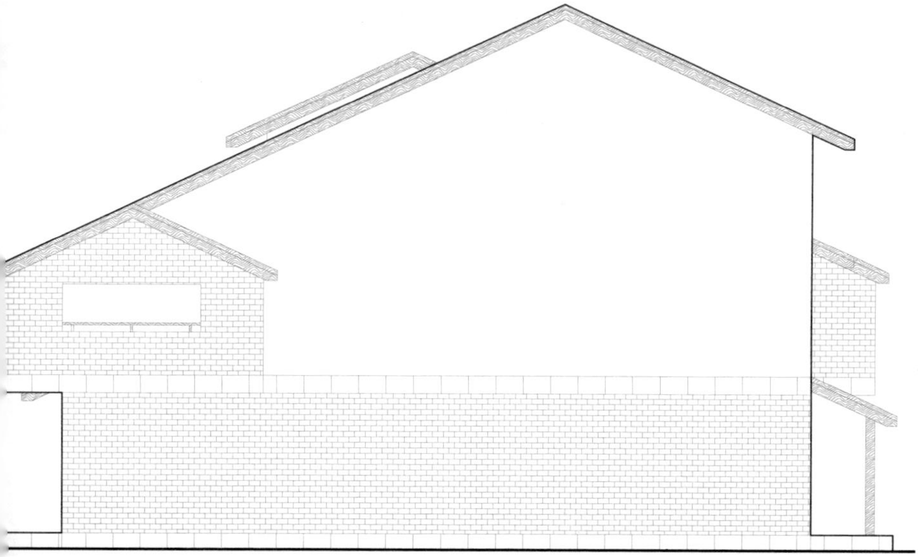

11 号楼西立面图

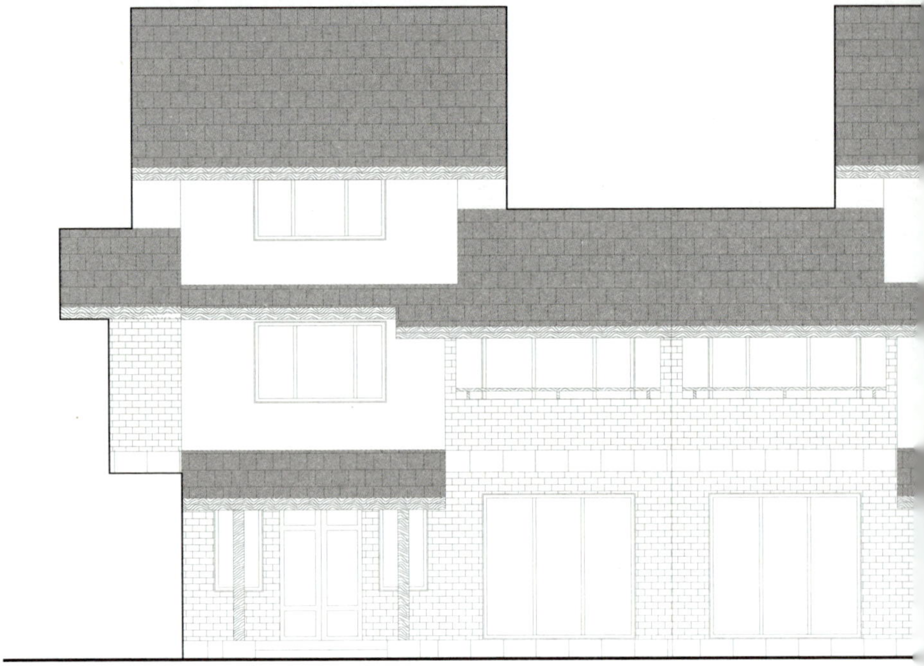

11 号楼南立面图

12 号楼南立面图

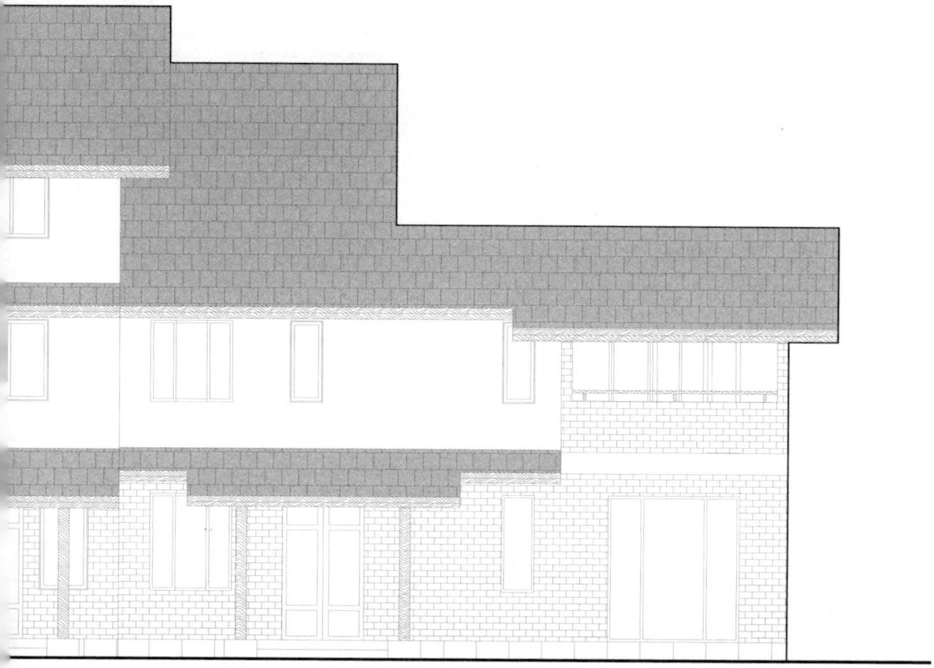

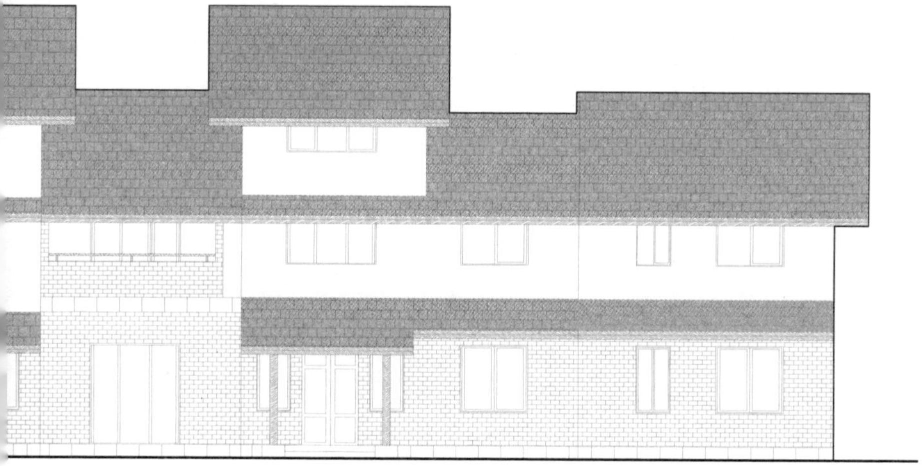

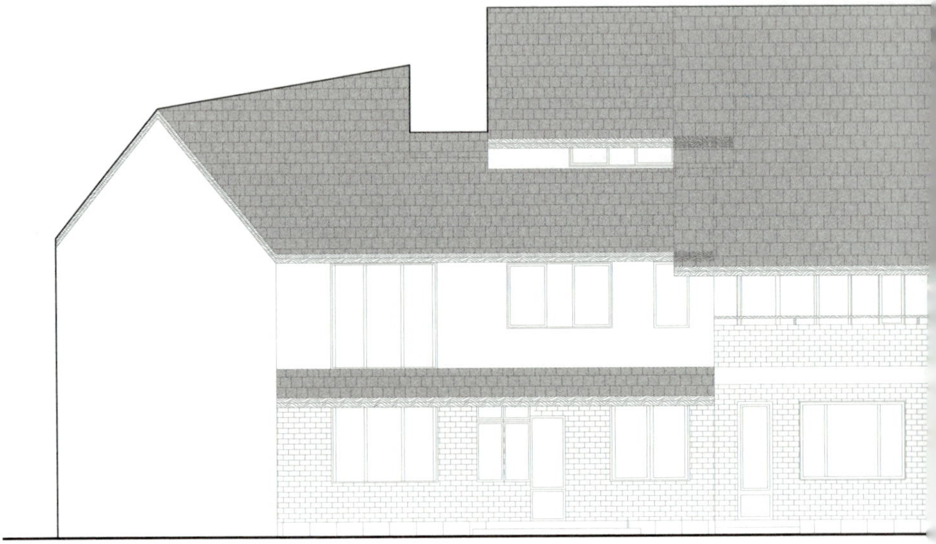

12 号楼北立面图

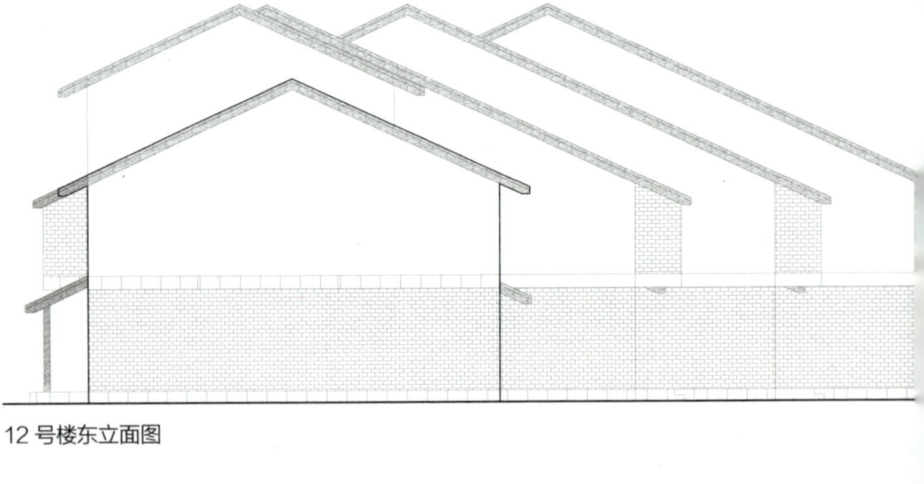

12 号楼东立面图

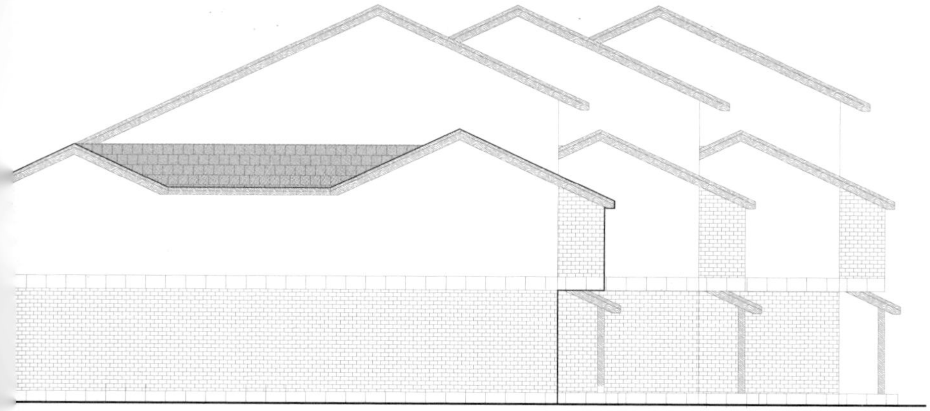

12 号楼西立面图

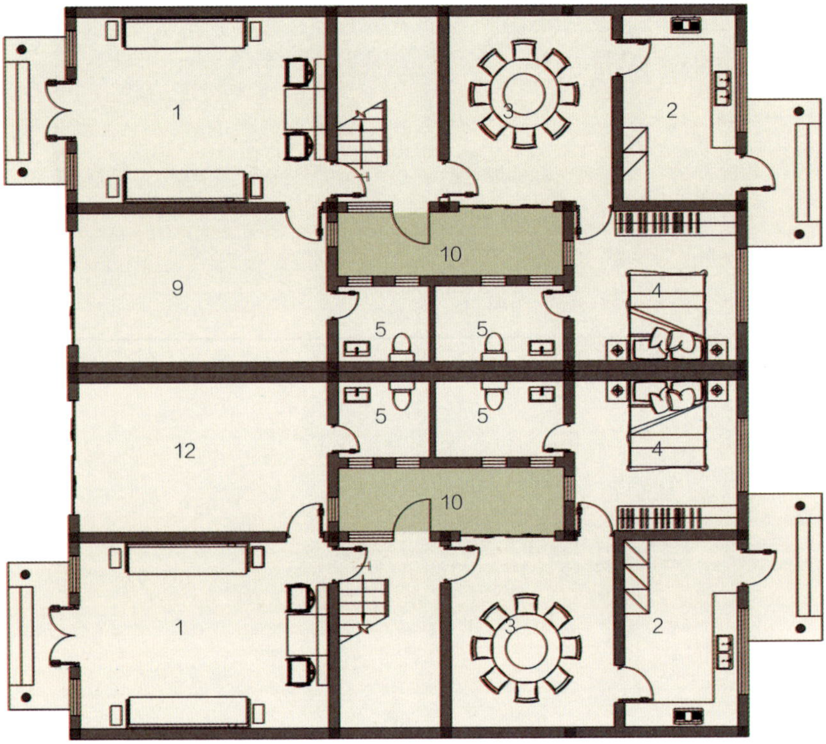

13 号楼一层平面图

1. 堂屋
2. 厨房
3. 餐厅
4. 老人房
5. 卫生间
6. 客厅
7. 卧室
8. 书房
9. 杂物间 / 车库
10. 天井
11. 洗衣房
12. 储藏间

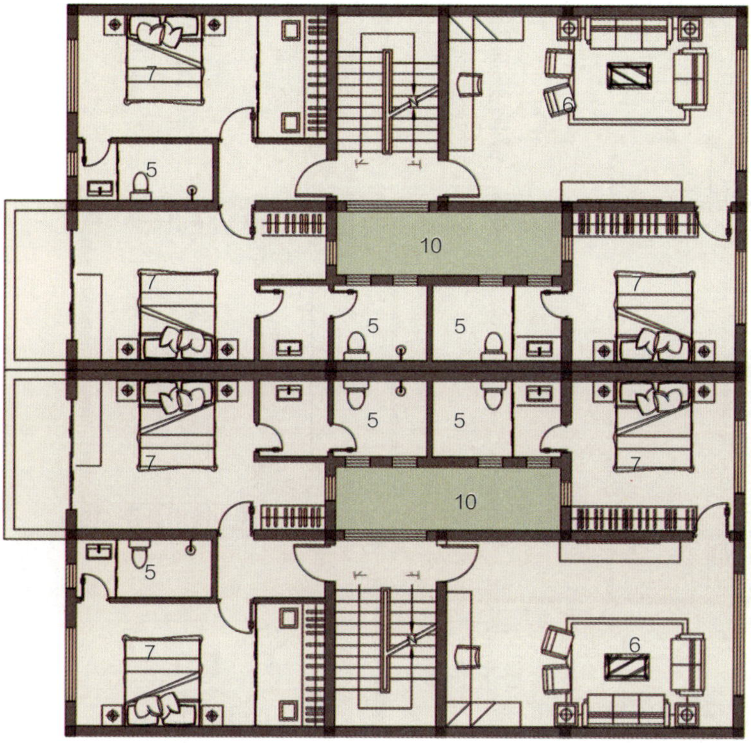

13 号楼二层平面图

1. 堂屋
2. 厨房
3. 餐厅
4. 老人房
5. 卫生间
6. 客厅
7. 卧室
8. 书房
9. 杂物间 / 车库
10. 天井
11. 洗衣房
12. 储藏间

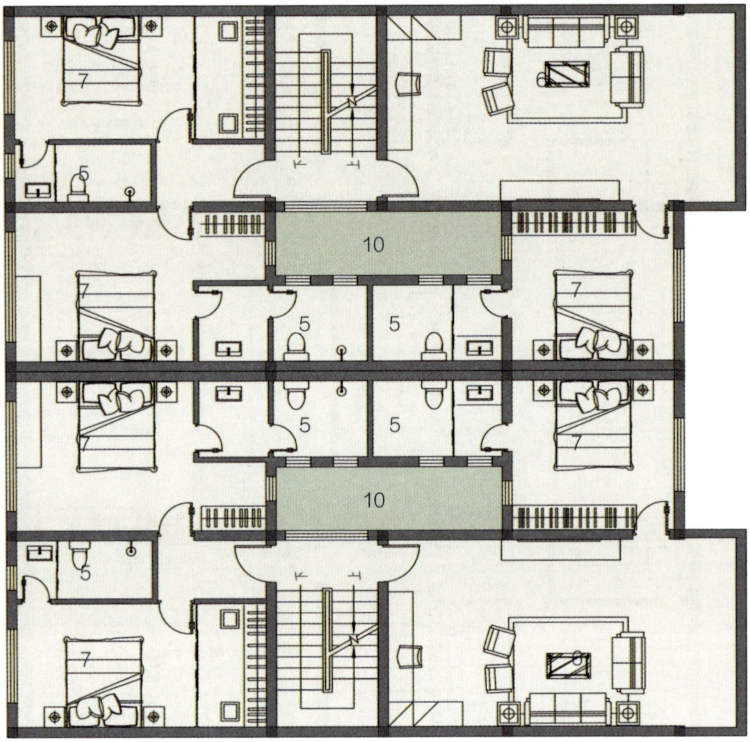

13 号楼三层平面图

1. 堂屋
2. 厨房
3. 餐厅
4. 老人房
5. 卫生间
6. 客厅
7. 卧室
8. 书房
9. 杂物间 / 车库
10. 天井
11. 洗衣房
12. 储藏间

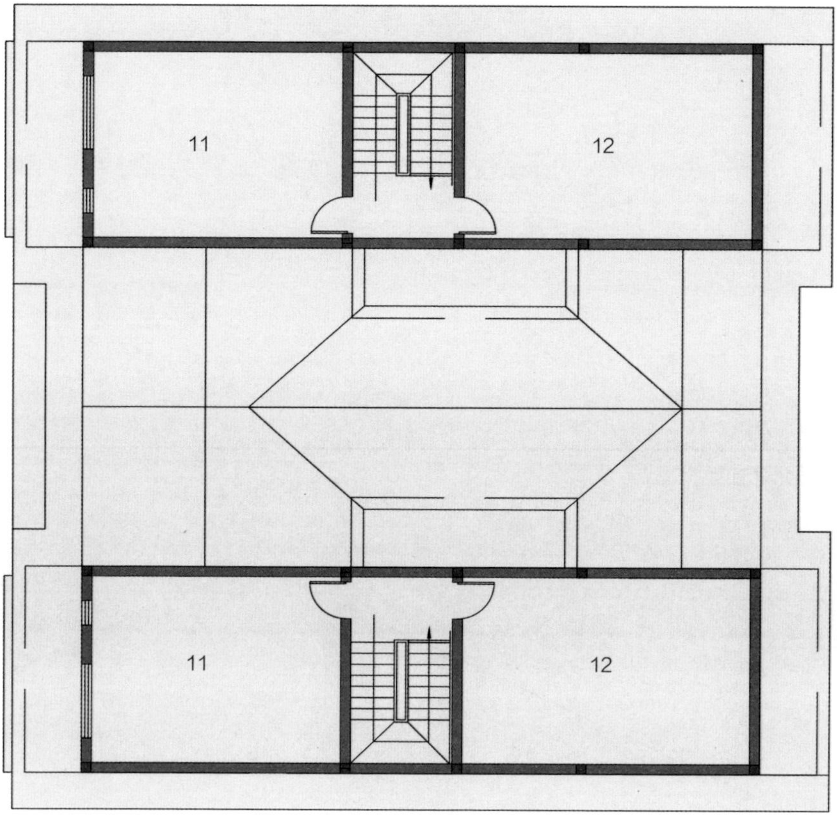

13 号楼四层平面图

1. 堂屋
2. 厨房
3. 餐厅
4. 老人房
5. 卫生间
6. 客厅
7. 卧室
8. 书房
9. 杂物间 / 车库
10. 天井
11. 洗衣房
12. 储藏间

13 号楼北立面图

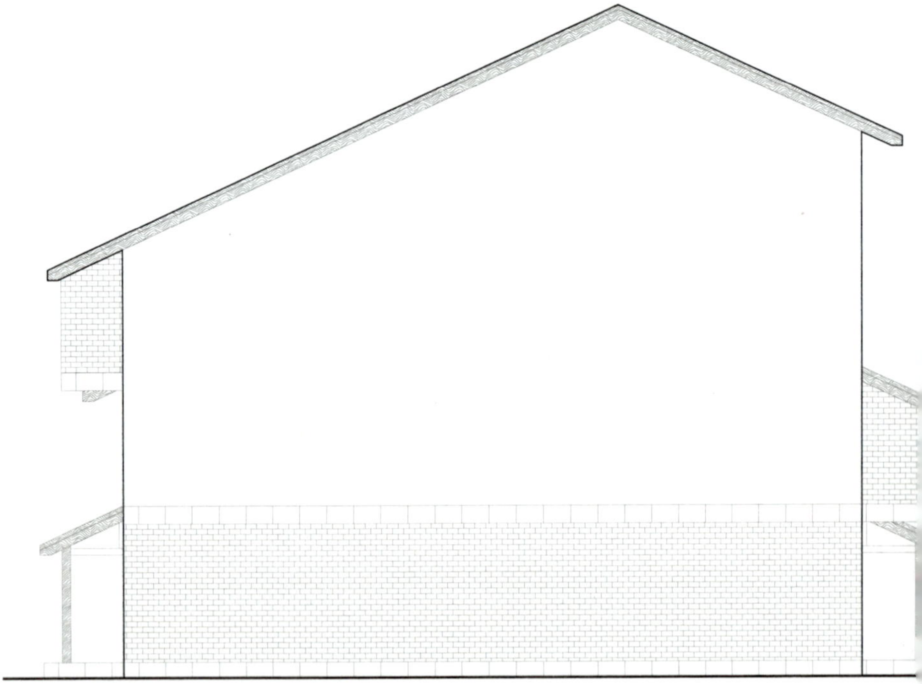

13 号楼东立面图

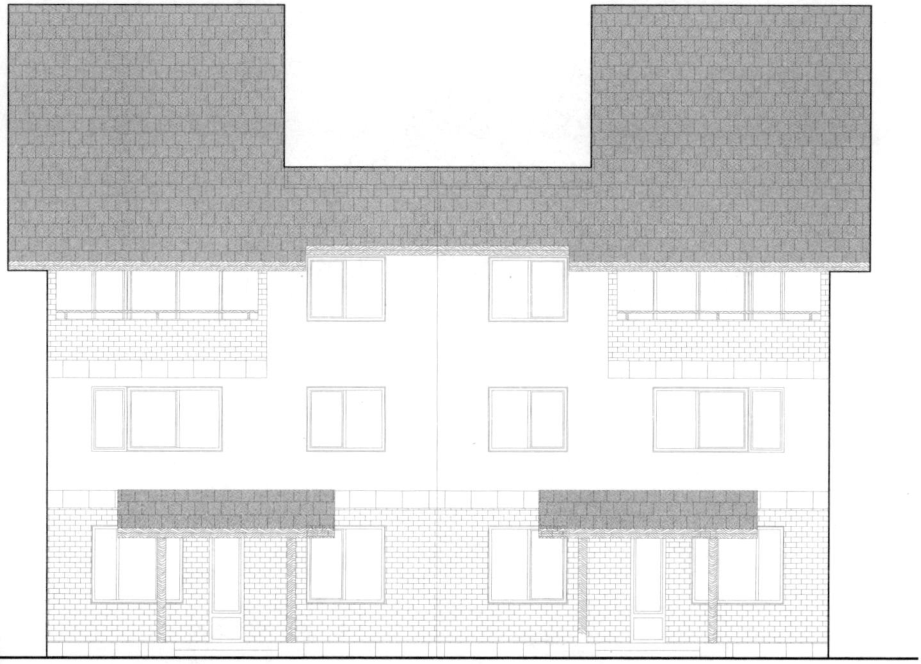
13 号楼南立面图

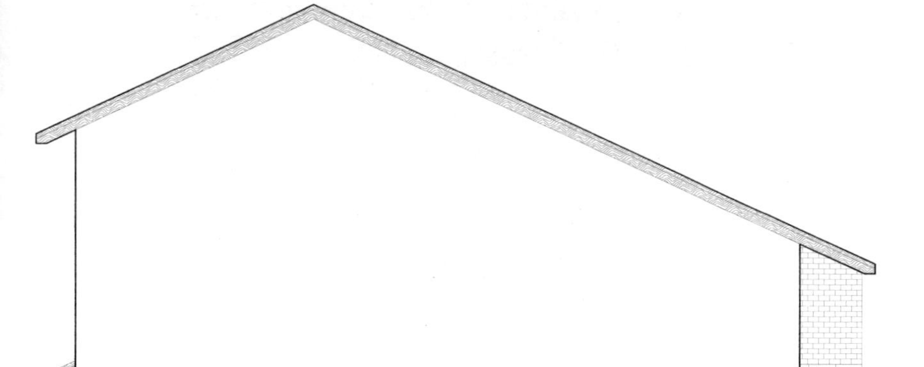
13 号楼西立面图

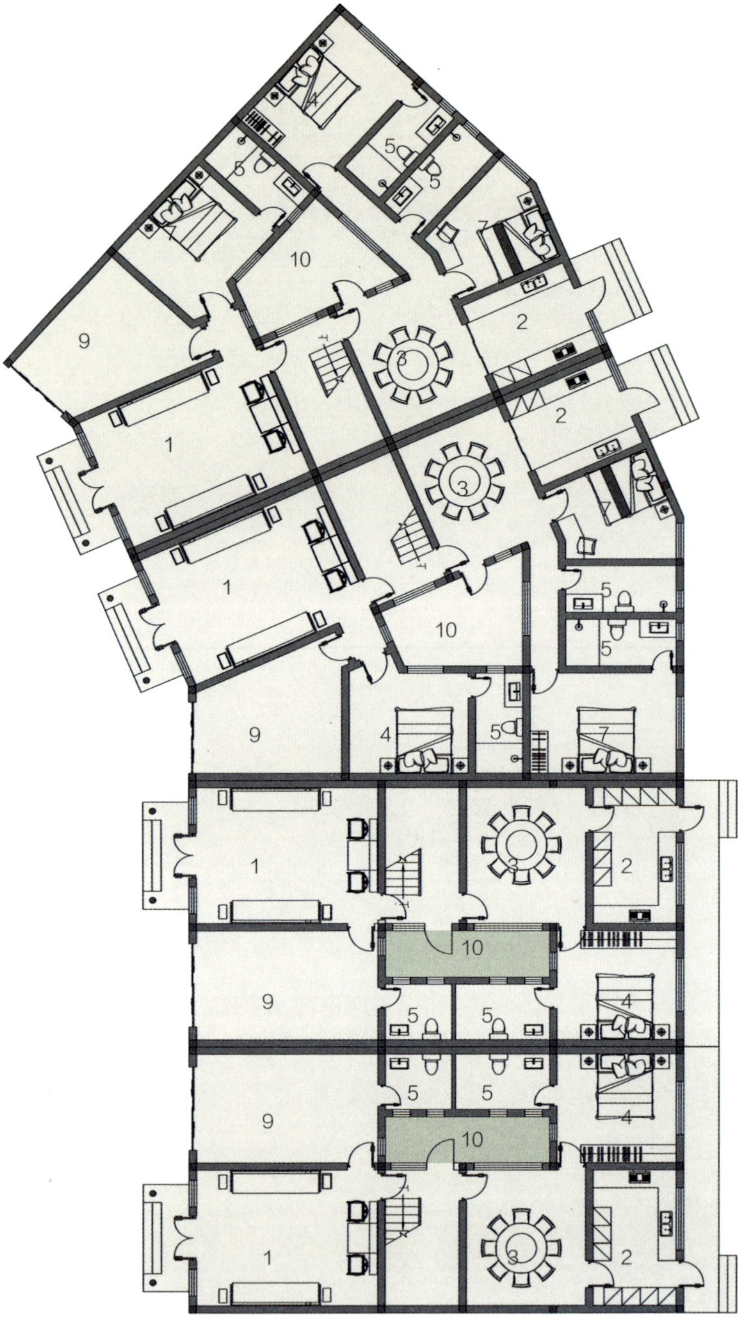

1. 堂屋　6. 客厅　11. 洗衣房
2. 厨房　7. 卧室　12. 储藏间
3. 餐厅　8. 书房　13. 茶艺间
4. 老人房　9. 杂物间 / 车库
5. 卫生间　10. 天井

14 号楼一层平面图

1. 堂屋
2. 厨房
3. 餐厅
4. 老人房
5. 卫生间
6. 客厅
7. 卧室
8. 书房
9. 杂物间 / 车库
10. 天井
11. 洗衣房
12. 储藏间
13. 茶艺间

14 号楼二层平面图

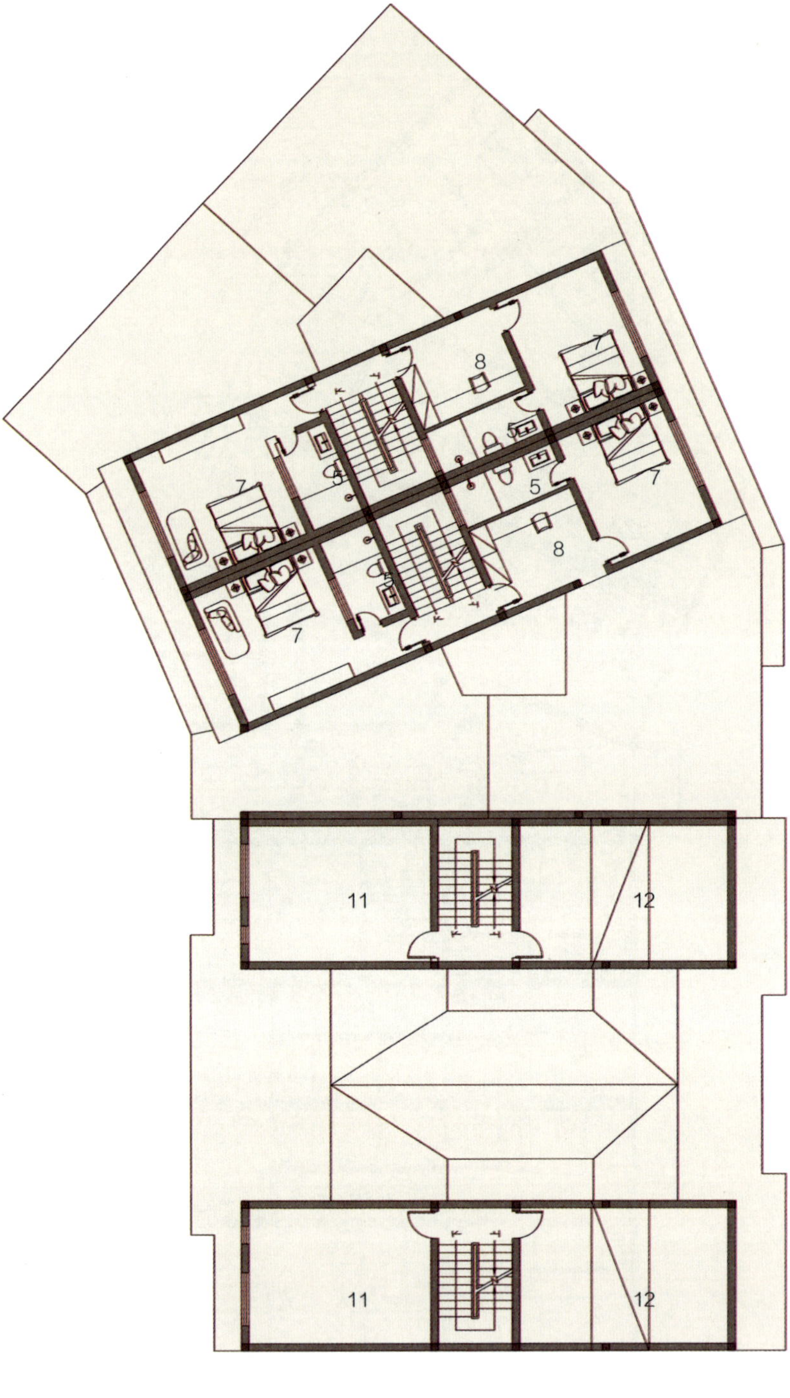

1. 堂屋 6. 客厅 11. 洗衣房
2. 厨房 7. 卧室 12. 储藏间
3. 餐厅 8. 书房
4. 老人房 9. 杂物间 / 车库
5. 卫生间 10. 天井

14 号楼三层平面图

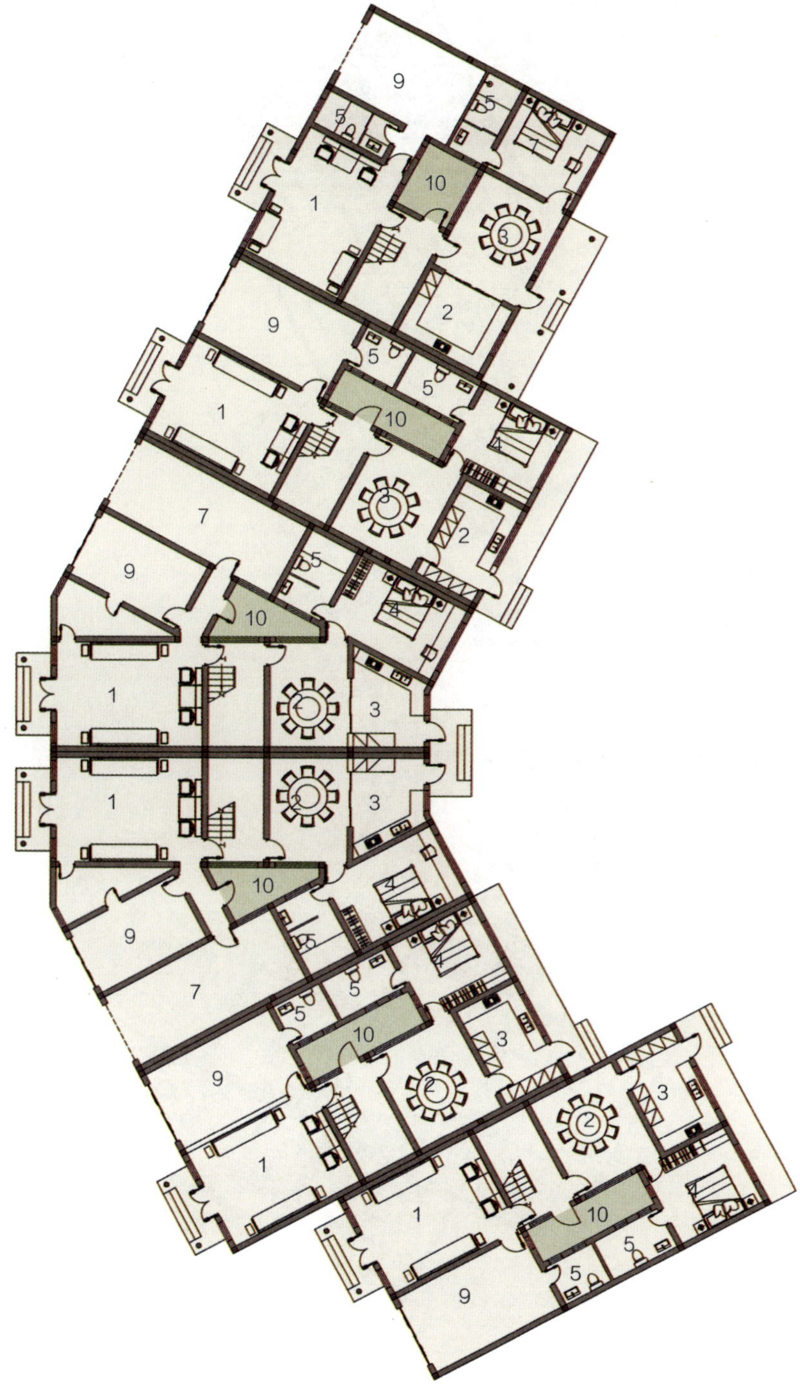

1. 堂屋
2. 厨房
3. 餐厅
4. 老人房
5. 卫生间
6. 客厅
7. 卧室
8. 书房
9. 杂物间 / 车库
10. 天井
11. 洗衣房
12. 储藏间

15 号楼一层平面图

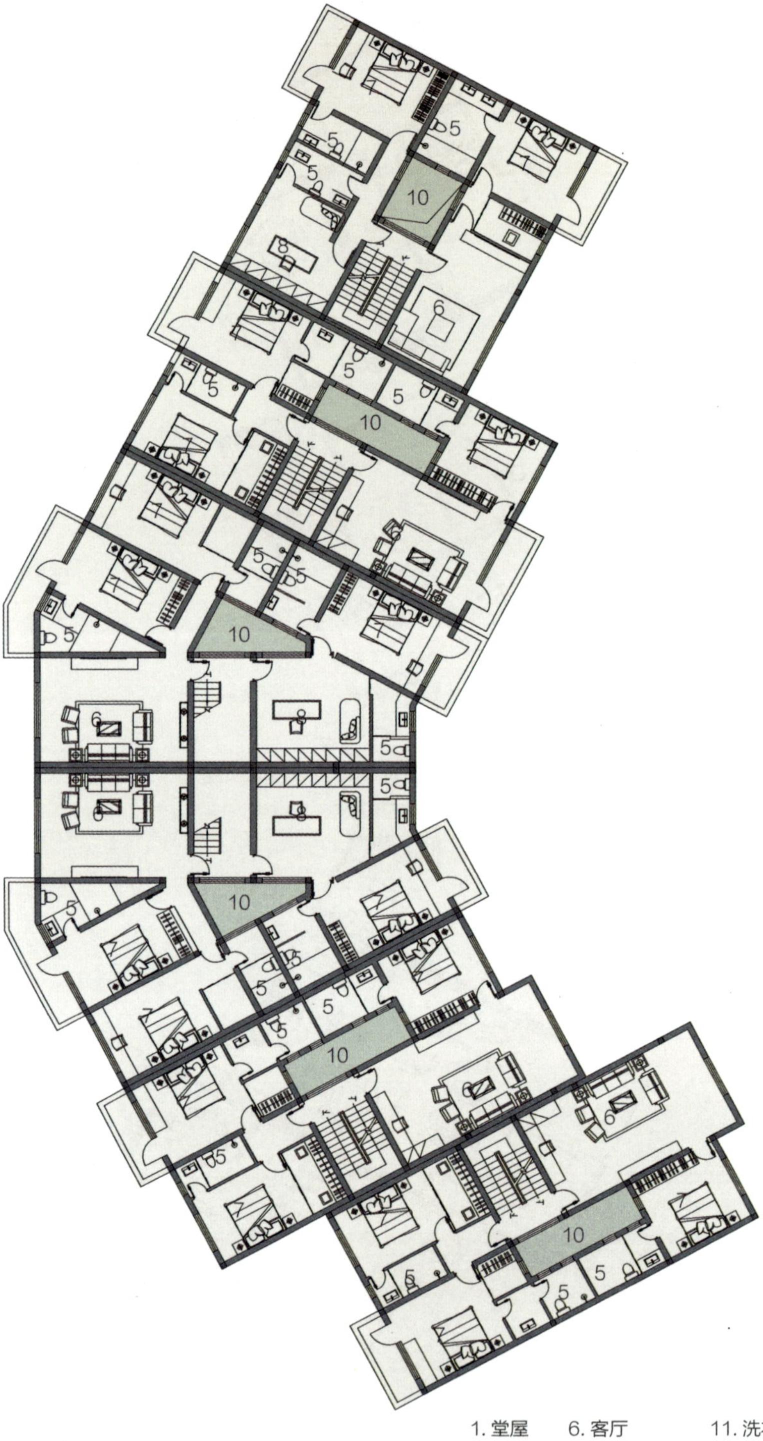

1. 堂屋
2. 厨房
3. 餐厅
4. 老人房
5. 卫生间
6. 客厅
7. 卧室
8. 书房
9. 杂物间 / 车库
10. 天井
11. 洗衣房
12. 储藏间

15 号楼二层平面图

1. 堂屋
2. 厨房
3. 餐厅
4. 老人房
5. 卫生间
6. 客厅
7. 卧室
8. 书房
9. 杂物间 / 车库
10. 天井
11. 洗衣房
12. 储藏间

15 号楼三层平面图

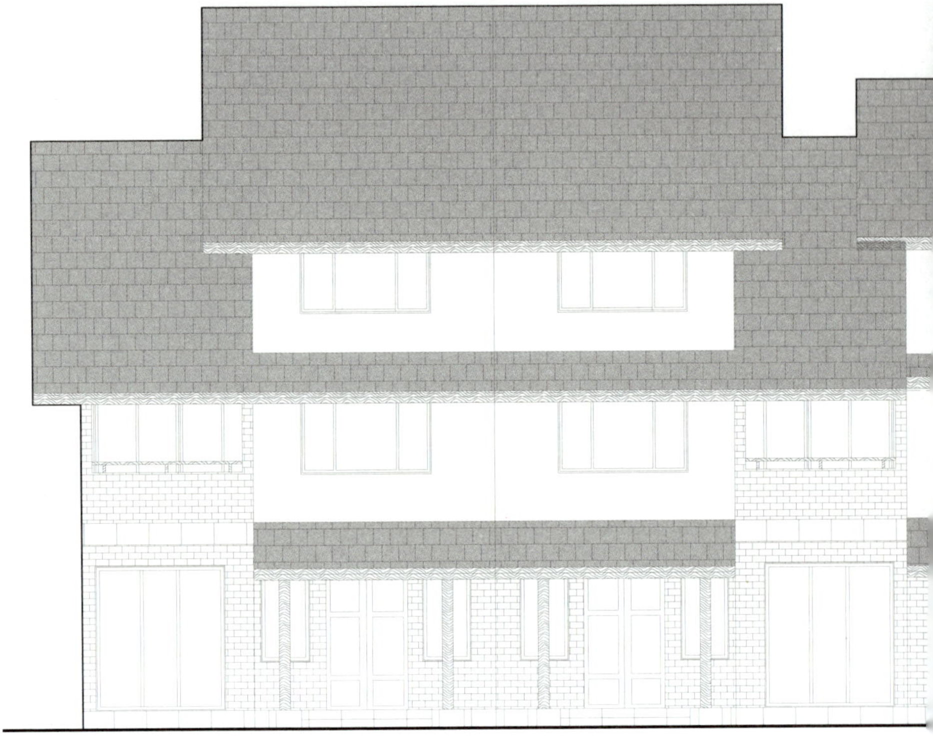

14 号楼北立面图

14 号楼东立面图

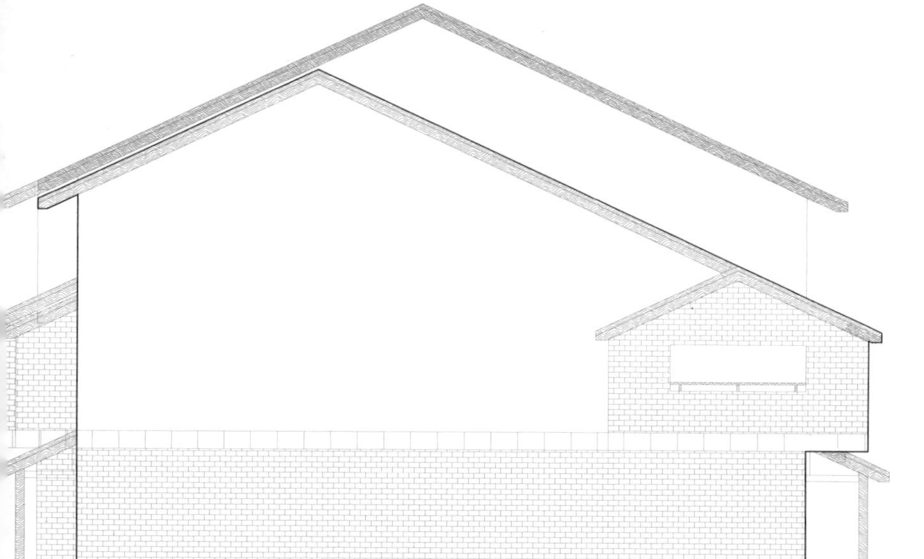

14 号楼西立面图

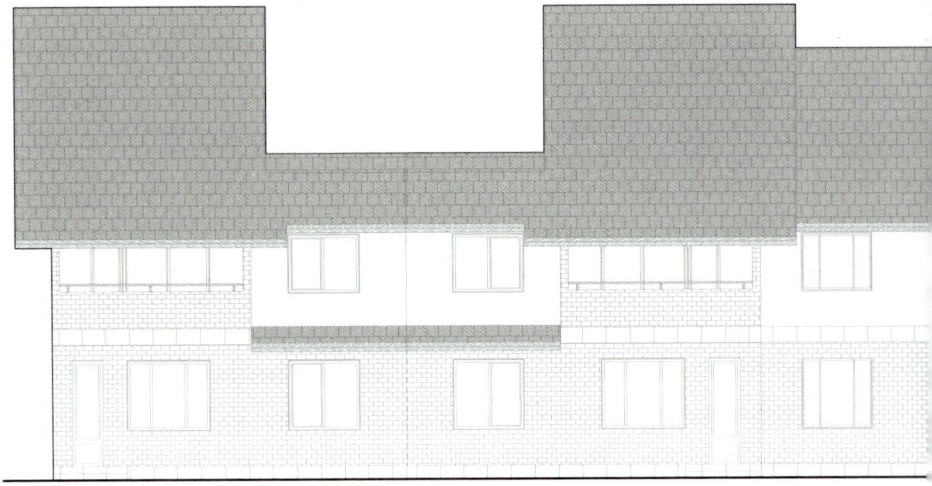

14 号楼南立面图

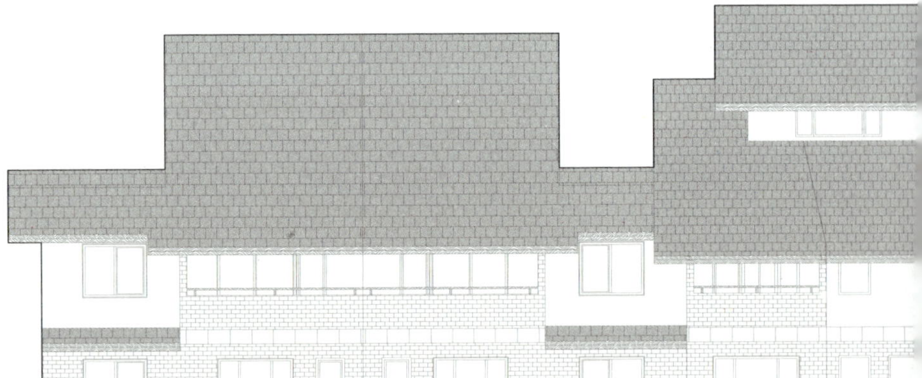

15 号楼南立面图

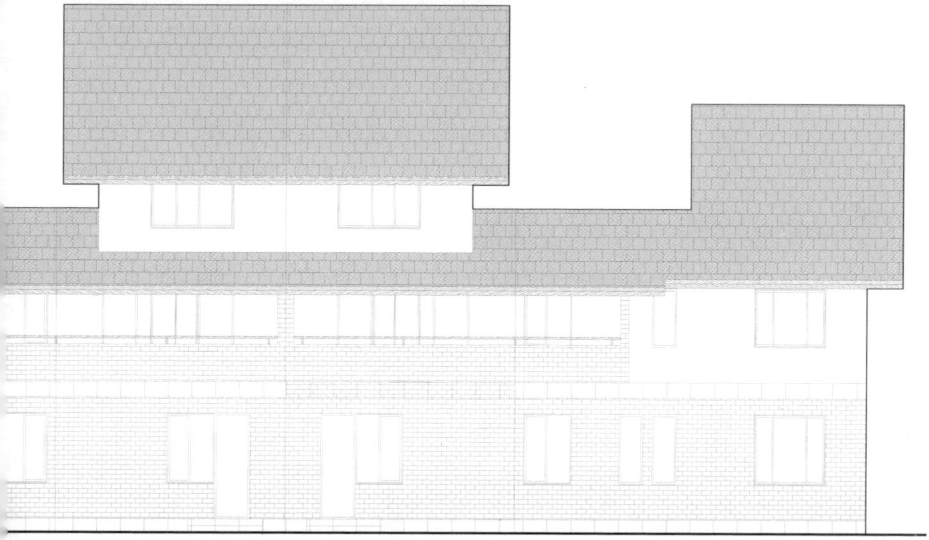

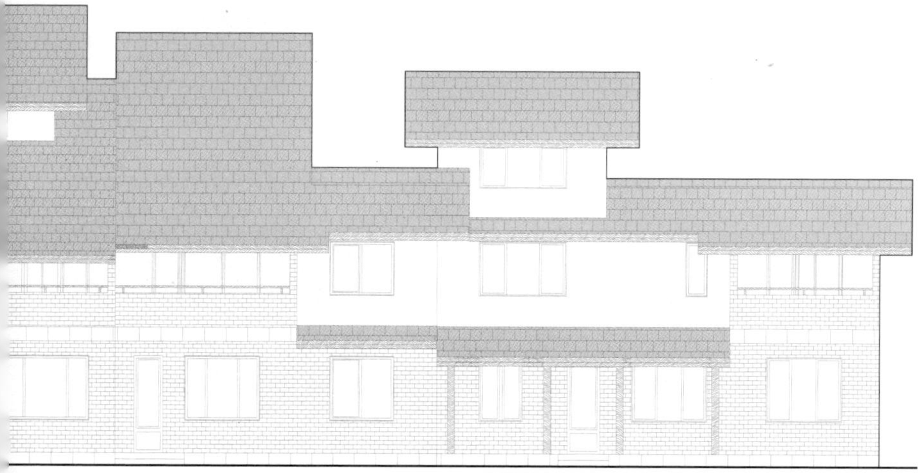

15 号楼北立面图

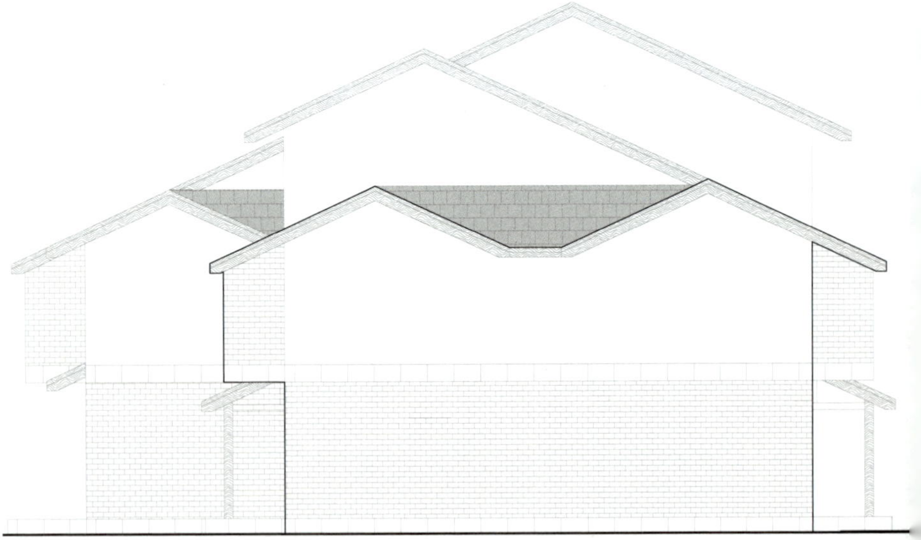

15 号楼东立面图

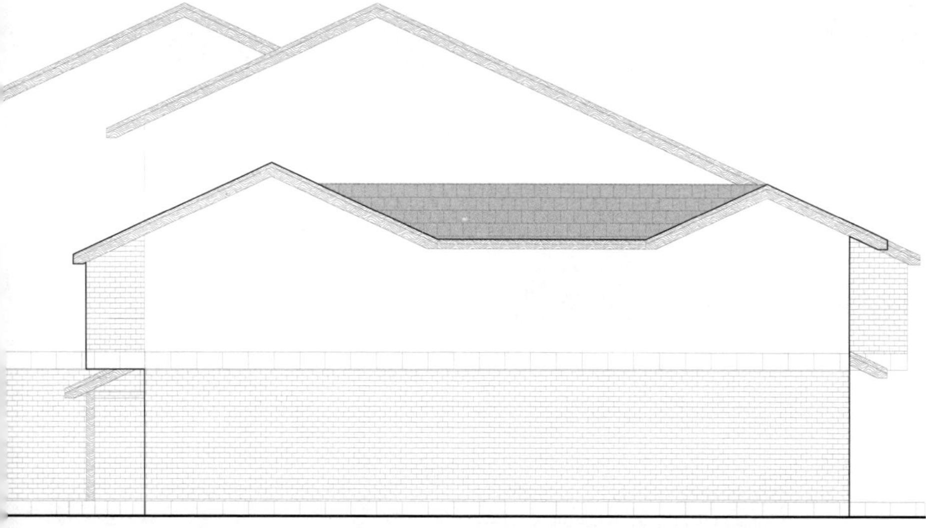

15 号楼西立面图

后记

孙君老师与王求安讨论村落布局

把农村建设得更像农村

洞庭渔村项目由王求安带领的“农道安哲”团队进行规划设计。王求安擅长空间设计和艺术创作，具有创新思维，设计的模型逼真，表达准确，整体体验感很好。

洞庭渔村是新村，项目涉及新村建设和老区改造。在项目建设过程中，我很少参与具体规划，基本上负责把控大方向和建筑形式。洞庭渔村项目的规划设计总体上基于日照、采光、年降水量、温度、生活方式、生产方式和地域材料等因素。另外，因建筑毗邻洞庭湖，故整体建筑应当营造临水的空间感。设计团队考虑诸多因素，比如村民的生活方式、生产方式、规划设计的便捷程度，以及未来开发旅游业的可能性。在项目实施过程中，王求安时常与我交流、探讨哪种形态更为适合。王求安是个较真的人，在项目后期，还在不停地改图纸，力求提供一套更便捷、更实用的设计方案。他就像一位画家，追求内心的完美，不顾别人的抱怨。这种执着的精神实为宝贵，也正是建筑设计师应具备的基本职业素养。这是王求安第一次做乡建项目，真正投入乡村建设，来到乡村、见到村民的时候，还有点陌生。其实，对设计师来说，只要思维方法正确，用心设计，其他问题都可以解决，这并非难事。目前，洞庭渔村项目进入后期收尾阶段。整个村庄的基本业态、现场施工质量、空间尺度感和美感基本上和效果图非常接近。事实上，好的规划设计完工之后，最多算完成 20%~30%。后期的施工、建设、监理、环境、运营也是至关重要的工作任务。项目构思、图纸设计、落地实施、后期运营，这是一个漫长的过程。设计师应当在项目前期的规划设计和后期落地两个方面统筹兼顾，确保规划设计顺利落地实施。

对设计师来说，不能落地实施的规划设计等同于废品。如今中国的规划设计绝大多数，尤其是乡村建设中有 80%~90% 并不像设计师打造的设计，而像出自广告公司、包装公司、策划公司之手的设计。这些设计主要停留在想象中，离落地还差一段“距离”。王求安接手的第一个乡建项目——洞庭渔村项目能够落地实施，而且最终效果比规划设计图还要好，这是他自身努力的结果。得益于该项目的顺利实施，他完成了乡村建设的第一步，也是重要的一步，从此踏上一条乡建设计师的梦想之路。

孙君

“绿十字”创始人、总顾问

国有农场乡村建设的一次艰难尝试

西湖管理区是湖南省十三大国有农场之一。如何建设一个富饶美丽和谐的新西湖，让国有农场焕发新的生机，让“西湖”美名名副其实，是历届区委领导班子和所有西湖人的梦想。洞庭渔村项目是在这样一个大的背景下应运而生的。

洞庭渔村项目早在2014年就提出来了，因为本地设计团队的设计方案达不到领导要求，就一直没有实质性推动。2015年，“绿十字”旗下的“农道安哲”团队参与洞庭渔村的设计工作，全新的乡建理念和设计思路，为这个项目注入了活力。当年下半年，新一届区委领导班子到位后，主要领导非常重视洞庭渔村项目建设，在多次调研和听取设计方案汇报后，决定实质性启动。

洞庭渔村项目是西湖用“绿十字”乡建理论建设美丽乡村的第一次尝试，俗话说万事开头难，项目推进遇到的困难是前所未有的。

统一思想是最难的，有的认为政府把有限的资金投入到一个项目，有失公平，会助长攀比风气，不利于稳定；有的认为西湖经济基础差，民生欠账多，建设洞庭渔村有形象工程之嫌；有的认为渔场历史遗留问题多，干部与村民之间存在信任危机，不适合搞美丽乡村建设示范。

转变观念也是很难的，重塑乡村生态环境体系，让老百姓舍弃瓷砖房接受新的建筑风格，让老百姓习惯垃圾分类自觉维护环境卫生，让老百姓放下过去的不愉快一切向前看，让老百姓接受统一设计、建设、分房的模式，都经历了艰难沟通的过程。项目启动之初，由于村民与村民之间的不信任，推选理事会都一度搁浅。

建房资金的筹措也是一个大难题。农村建房都是自己拿一点、亲戚朋友借一点、材料赊一点，自己投工还能省工钱，现在要把自己的房子交给别人建，需要的现金比自己建多不少，有些农户难以及时筹到钱，加上对村委会和理事会的不信任，收取建房款就是一个大难事。

面对各种困难和矛盾，区委管委的坚定决心没有动摇，乡村干部表现出无所畏惧的担当精神和不厌其烦的实干作风，洞庭渔村项目得以在不断攻克难关和化解矛盾的过程中艰难前行。作为参与者、见证者，我体会最深的是：

信任是乡村建设的基础。项目启动初期阻力非常大，主要是洞庭渔村内部的信任度很低，很多工作难以统一思想。为了重建信任，我们组织村民代表赴安徽三瓜公社参观学习，为干部群众搭建交流沟通的平台；坚决推行村务公开、财务公开，保障村民的知情权、参与权；组建村级理事会、监事会，村内事务村民自己做主；公开村民建房一切信息，通过微信群及时释疑解惑，让建房群众放心。一系列措施逐步见效，村内信任逐渐恢复起来，很多事迎刃而解。

不要被困难束缚了手脚。做一件事，需要把困难和问题想在前面，提前做好工作，但又不能被困难捆住手脚，不敢前行。洞庭渔村项目启动之初，能够想到的困难非常多，有些困难在当时无法解决，但我们的乡村干部没有被困难吓倒，没有停滞不前，暂时搁置困难和争议，边干边想对策，一些起初难以克服的困难在推进中找到了很好地解决办法。

干部的担当至关重要。洞庭渔村的建设是具有开创性的，需要承担一定的政策风险和纪律风险，需要承受众多不认同、不理解、不信任带来的委屈，需要牺牲大量的休息时间去化解矛盾、解决问题，没有一支想干事、敢担当、讲奉献的干部队伍是干不成的。

乡建需要一个懂乡村、懂农民的设计服务团队。乡村建设的主体是农民，乡村设计的意义在于把农民对美好生活的向往与乡村文化、民俗很好地结合起来，变成村民可接受、执行可操作的方案、图纸，这就需要一支了解农村和农民的设计团队和服务团队。洞庭渔村项目的设计之所以经历了两次调整、更换了三个设计团队，就是为了找到一支真正适合乡建的队伍。“农道安哲”设计团队全新的设计理念、卓越的目标追求、深入的服务作风、朴实的乡建情怀，逐步得到干部和群众的认可。首席设计师王求安老师对洞庭渔村的设计比给自己家搞设计还用心，他的憨厚、他的情怀、他的执着、他的坚守、他的付出，感动了不少干部，也赢得了群众的信任，王老师的名气在西湖可是很响亮的。

洞庭渔村项目不仅要解决道路、住房等硬件问题，更要解决生态环境治理、乡村传统文化修复、特色产业发展、村民精神的提振等软件问题，使洞庭渔村成为一个可推广和复制的可持续的乡建示范项目。达成这一目标，后面的路还很长，我们会坚定不移地走下去。

洞庭渔村项目虽然还没有完全成熟，但它的积极作用是可以预见的。它将进一步提升西湖形象，西湖农村有了一个可称之为作品的建筑群，这是创造性的；它将增强西湖人的自豪感，引领西湖村民建房的新潮流；它将为西湖乡村振兴提振信心、探索路子，提供看得见、摸得着的现实模板，也为国有农场建设美丽乡村提供了西湖模式；它推广了科学的乡建理念，造就了一批能够适应新时代乡建要求的基层干部队伍。

洞庭渔村的明天，西湖农场乡村振兴的明天，让我们拭目以待。

湖南常德西湖管理区党委副书记　徐翔

徐翔副书记（右）与王求安商讨规划事宜

附录

“农道安哲”办公室，工作模型展示区

农道安哲（北京）建筑设计有限公司

“安哲”取义于英文单词“ANT”，崇尚蚂蚁分工明确、团结协作的建造精神，在全球语境下注重建筑的可读性与在地感，坚信：建筑是真诚与匠心共同打造的艺术语言。

在设计方面，数名拥有多年甲级设计院工作经验的一级注册建筑师与一级注册规划师组成“农道安哲”强大的顾问团队，为方案提供技术支持，确保方案具有落地性；在施工方面，长期合作的施工团队和专业的驻场建筑师在现场密切配合，提供大量驻场机会，保证建筑师在项目全过程中有足够的控制力与话语权——在强大的各方团队支持下，设计师可以全无后顾之忧地投身于设计，并且在高完成度的作品中获得成就感。

“农道安哲”对项目有着严格的选择标准：只做落地项目，以此检验团队对方案阶段的判断力；只做团队感兴趣的项目，以期与团队下一阶段的研究方向相配合，推进事务所的整体发展；只做包含规划、建筑、景观、室内的全流程设计项目，完整地表达设计师对项目的理解，保证项目最终呈现在世人面前。

“农道安哲”创始人、创意总监王求安先生

“农道安哲”乡建作品版图

作者简介

王求安

“农道安哲”创始人、创意总监

王求安生于湖南省平江县，童年在乡野间长大，养成了无拘无束、自我随性的性格，也许正因如此，他的个人经历丰富而曲折。他最初以学习绘画为主，后来学习室内设计。一次偶然的机会，他投入展览设计领域，并且争得一席之地。执业多年后，他发现自己对建筑设计有着浓厚的兴趣，遂开始自学之路，并且一直坚持每年多次建筑游学的习惯，在实践与学习交替进行的过程中找寻设计灵感。

在项目初期，王求安十分重视项目的背景调研，不惜花费大量时间与精力和业主沟通，并且开展有针对性的调研活动，由此，在面对设计时，可以更好地站在业主的角度进行思考，并且以设计之力提升整体片区的生活品质。在设计过程中，他善于利用模型进行方案推敲与演示，力求将方案直观、立体地呈现在眼前。在深入调研与精心设计的基础上，他的团队对项目进行较为严格的落地把控，在与驻场建筑师及长期合作的专业施工队的密切配合下，确保项目的按时交付。

陕西张家大院，统万城项目

湖北大悟金岭村乡村振兴项目

辽宁本溪云禾溪间项目

湖南常德西湖管理区洞庭渔村规划设计

湖南常德黄泥湖村规划设计

湖南西湖管理区食堂、卫生间、工人文化宫

湖南邵阳高铁新城

江西万安夏木塘村乡村振兴项目

“绿十字”简介

“绿十字”作为一家民间非营利组织，成立于2003年。十多年来，“绿十字”秉承“把农村建设得更像农村”“财力有限，民力无限”“乡村，未来中国人的奢侈品”的理念，开展了多种模式的乡村建设。

项目案例：

湖北省谷城县五山镇堰河村生态文明村建设“五山模式”

湖北省枝江市问安镇“五谷源缘绿色问安”乡镇建设项目

湖北省广水市武胜关镇桃源村“世外桃源计划——乡村文化复兴”项目

湖北省十堰市郧阳区樱桃沟村“樱桃沟村旅游发展”项目

河南省信阳市平桥区深化农村改革发展综合试验区郝堂村“郝堂茶人家”项目（郝堂村入选住建部第一批“美丽宜居村庄”第一名）

河南省信阳市新县“英雄梦·新县梦”规划设计公益行项目

四川省“5·12”汶川大地震灾后重建项目

湖南省怀化市会同县高椅乡高椅古村 “高椅村的故事”项目（高椅村入选住建部第三批“美丽宜居村庄” ）

湖南省汝城县土桥镇金山村“金山莲颐”项目

河北省阜平县“阜平富民，有续扶贫”项目

河北省邯郸县河沙镇镇小堤村“美丽小堤·风情古枣”全面“软件”项目（小堤村项目被评为“2016年中国十大最美乡村”第一名）

“绿十字”在多年的乡村实践过程中，非常重视“软件”建设，包括乡村环境营造（资源分类、处理技术引进、精神环境净化），基层组织建设（党建、村建、家建），绿色生态修复工程（土壤改良、有机农业、水质净化、污水处理），村民能力提升（好农妇培训、女红培训、电商培训、家庭和谐培训），扶贫产业发展（养老互助、产业合作、教育基金，扶贫项目引入），传统文化回归（姓氏、宗祠、民俗、村谱），乡村品牌推广（文创、度假管理），美丽乡村宣传（通信、微信、网站、书刊、论坛、大赛、官媒）等。从2017年起，“绿十字”乡村建设开始运营前置与金融导入进入全面的“软件运营”时代。

致 谢

感谢“绿十字”创始人、总顾问孙君在常德洞庭渔村项目的规划初期给予我们的鼓励和对规划设计提出的宝贵意见，让这个看起来困难重重的设计项目得以实施落地；感谢“绿十字”主任孙晓阳女士在本书的编撰过程中对我们的工作进程的包容和理解，并为设计成果的整理工作提供了巨大的帮助，让“农道安哲”团队的第一本出版物得以顺利面世。

感谢常德市西湖管理区整个领导班子对我们的信任。其中常德市西湖管理区龚霞波书记、徐翔主任在项目前期的考察和村民的培训中，投入了大量的精力和时间，为当地居民接受我们的设计理念和项目的顺利实施提供了巨大的帮助。

感谢建筑主体的施工单位在施工过程中精益求精，在如此低成本的前提下，仍然不遗余力的保证设计方案的高质量、高完成度的建设；感谢景观施工方在景观施工过程中的兢兢业业， 不论天气多恶劣，她都坚持在施工第一线，按计划完成施工进度，同时积极配合我们的方案调整。

感谢西州乡政府、洞庭渔村的干部和洞庭渔村村民理事会对建设工作的支持，在两年多的建设过程中，任劳任怨。正是他们耐心的与村民沟通，积极得做村民的工作，才让村民接受我们的设计方案，并让设计方案得以顺利落地。

感谢王凯、王坤鹏等建筑师在建设现场长期的、艰苦的驻场，与施工队和北京办公室的密切配合，保证落地实施的效果与设计方案的完美契合。

王求安

图书在版编目（CIP）数据

把农村建设得更像农村．洞庭渔村 / 王求安著．--
南京 ：江苏凤凰科学技术出版社，2019.3
（中国乡村建设系列丛书）
ISBN 978-7-5713-0108-8

Ⅰ．①把… Ⅱ．①王… Ⅲ．①农业建筑－建筑设计－
常德 Ⅳ．①TU26

中国版本图书馆CIP数据核字(2019)第024906号

把农村建设得更像农村　洞庭渔村

著　　者　王求安
项目策划　凤凰空间／周明艳
责任编辑　刘屹立　赵　研
特约编辑　王雨晨

出版发行　江苏凤凰科学技术出版社
出版社地址　南京市湖南路1号A楼，邮编：210009
出版社网址　http：//www.pspress.cn
总 经 销　天津凤凰空间文化传媒有限公司
总经销网址　http：//www.ifengspace.cn
印　　刷　北京市雅迪彩色印刷有限公司

开　　本　710 mm×1 000 mm　1／16
印　　张　10
版　　次　2019年3月第1版
印　　次　2019年3月第1次印刷

标准书号　ISBN 978-7-5713-0108-8
定　　价　58.00元